李卫民　魏资文　著

狗狗身体
求救信号

U0198699

辽宁科学技术出版社

·沈阳·

生命平等，照护动物是职责

　　我自外科起家，1971 年完成外科训练课程回到家乡行医，在累积了不少经验之后建立"秀传纪念医院"。我引进微创手术已达 39 年，是中国台湾的第一位引入者。我于 2008 年与法国微创手术训练中心（IRCAD）合作，在彰滨秀传健康园区建立"秀传亚洲远距微创手术训练中心（AITS）"培育人才，距今已有 14 年之久。以前的医疗技术思维从大医师大伤口（Big Surgeon, Big Incision），转变为大医师小伤口（Big Surgeon, Small Incision），甚至是无伤口，这些是我们看到的在人类医疗手术上的演进。当我们思考到爱屋及乌的概念后，这些技术及经验如何从运用在人类上推广至动物上呢？狗狗不像人，疼痛可以通过言语表达，甚至它们怕主人担心，不轻易表现出自己的疼痛。但是身为它们的家人，我们能做的就是尽量减少它们因受伤或在生死关头时面临手术所需要承受的痛，而微创手术的优点就是出血少、伤口小、复原快，能将疼痛感降到最低。因此传骐动物医院成立的宗旨包含推广微创手术及其教学训练，期许成为中国台湾领先的宠物微创医疗中心以及全方位照护中心。

　　从 2021 年至今（2022 年），传骐动物医院为流浪狗免费进行了"100 台浪浪微创绝育手术"，我们持续开设进阶微创训练课程，身为中国台湾第一家宠物微创手术训练中心，我们将竭尽全力将微创手术的技术推广至中国台湾的所有兽医院或动物医院，希望能感动饲主，也可以感动兽医！

黄明和

秀传医疗体系总裁

狗狗日常照料的技巧

当家中的狗狗出现异常的时候，最为紧张的莫过于它们的家长，他们很可能第一时间就是寻求医疗协助。不过，在将家中狗狗送往动物医院前，家长如果能够有所准备，就能让诊疗过程更加顺利、精确。

家长需要为兽医提供相关资讯，诸如狗狗的精神状态、活力、饮食状况、排尿／排便的状况、医疗记录／自行投药记录等，都是兽医问诊时的重要参考。此外，我们也希望家长能对狗狗的诊疗过程有初步的了解，因此决定编写这本书。

本书是从兽医的视角出发，让家长了解，当狗狗有哪些异常状况发生时，就诊时可能对应的相关检查，这些症状对应的可能疾病与应该注意的事项。内容采用问答的方式来进行文字阐释，简单易懂。

希望这本书能有助于各位家长，在面对狗狗的异常状况时，减少惊慌失措，并能与兽医互相合作，让狗狗得到更妥善的照料。正因为看到这样的趋势，我成立了传骐动物医院。

我们都知道，食疗和药疗是相辅相成、缺一不可的。以平常的保养来说，好的食物的营养成分经消化、吸收、代谢、利用后，确实能预防疾病发生，并缓解身体小病痛及改善体质。预防胜于治疗，等到疾病发生再补救，不如平时替我们的狗狗挑对该补充的营养素，来促进健康，延缓老化，改善状态。

在这本书中我从营养的角度来说明除了用药外，还有哪些营养素可以协助狗狗摆脱疾病及不适感。在医学实证上，我们的确也看到很多狗狗因为补充了缺乏的营养素，疾病能更快痊愈，早日恢复健康。希望各位家长能借此书了解到如何在平时保养狗狗的身体，并降低发病率。

目录
Contents

特别收录

打造狗狗专用急救箱！

随书附赠

狗狗问题速查手册

第 4 章
狗狗行为出现异常，是健康一大预警

认识狗狗的五官构造

| 耳朵 |

狗狗的耳道可以分为"外耳、中耳、内耳",耳朵疾病的产生则主要和寄生虫感染、日常过度清理或疏于清洁有关,其中"外耳炎"可以说是狗狗最容易罹患的耳朵疾病。狗狗耳朵的异常症状,包含发臭、出血、红肿、流出异常分泌物等。

| 眼睛 |

常见的眼睛疾病包含角膜炎、干眼症、白内障,其中老化对狗狗眼睛造成的影响很大。狗狗眼睛的异常症状,包含泪液过多或过少,眼白发红,眼睛里出现灰白色物质,眼屎增加,眼睑脱出等。

| 鼻子 |

鼻子是一个非常敏感的器官，鼻子内有大量小沟槽，可以吸附气味分子。和人类一样，狗狗也会出现打喷嚏、流鼻水和鼻涕等症状，属于常见的过敏性鼻炎反应。不过要特别提防狗狗鼻子出现皲裂，或者发出恶臭的情况，那表示狗狗受到细菌或病毒等严重感染。

| 嘴巴 |

狗狗的唾液有清洁口腔、杀菌的作用。狗狗嘴巴出现异常最明显的症状是流很多口水以及口臭。狗狗的口腔健康也和免疫力、日常照顾状况有关，当免疫力下降时，口腔就容易出现异常状况。

| 皮肤 |

常见的狗狗皮肤病症状包含脱毛、泛红、长疹子等，皮肤问题多由内分泌异常、霉菌或寄生虫感染、对环境或食物过敏引起。最常见的皮肤病则是"异位性皮肤炎"，皮肤病多半需要较长的治疗时间，需要饲主多一点耐心陪狗狗一起面对。

认识狗狗的身体内部结构

｜喉部｜

狗狗的喉部由软骨、肌肉和韧带组成，狗的喉头上有会厌软骨，当狗狗吞下食物时，可以挡住气管的入口，防止食物进入气管。

｜气管｜

连接喉部和支气管的通道，由一圈圈的环形软骨组成，负责运送空气。当环形软骨失去硬度、弹性时，会造成狗狗气管塌陷，症状是干咳、呼吸急促或呼吸有异音等。

｜食管｜

食管是输送食物的器官。食物进入狗狗的喉部时，食管的上括约肌会打开，让食物进入食管，食管会开始分泌黏液并且不断蠕动，让食物可以顺利到达胃部，当食物到达胃部时，食管末端的下括约肌就会收缩，防止胃部的物质逆流回食管。

｜胃｜

胃是消化蛋白质的重要器官。当食物从食管进入胃时，胃会分泌胃酸、蛋白质消化酵素和黏液，并进行蠕动，将食物消化成黏稠的糊状。

｜肠｜

肠是狗狗的吸收和消化器官。和胃连接的部分为小肠，由"十二指肠、空肠、回肠"构成，十二指肠负责消化（包含蛋白质、脂肪、碳水化合物），空肠和回肠则负责吸收所有营养素，再让营养素进入肝脏或淋巴管。小肠连接着大肠，大肠则吸收剩余食物残渣中的水分和电解质，最后的食物残渣才在此处形成粪便。

｜脊椎｜

狗狗的脊椎是平行于地面的，人的脊椎则是垂直于地面的，因此狗狗上下楼梯对脊椎的伤害很大。脊椎分成许多节，各节骨头中间具有缓冲摩擦的椎间盘，不过随着狗狗年龄的增长，椎间盘会退化甚至脱出，最常发生脱出的部位是腰椎和颈椎。

｜肺｜

肺是提供身体氧气的器官，由大量的气管、支气管、肺泡、血管组成，肺泡和血管几乎相叠，以便快速将氧气通过血液输送到身体各部分，当肺部受到感染、功能受损，或者肺泡被身体其他部位渗出的液体占满（肺积水）时，狗狗就会产生缺氧的情况。

脾

脾是狗狗体内负责造血、储血的器官，由于其中含有淋巴，可以过滤病菌、制造抗体，因此也是参与免疫反应的器官。

肝

肝主要负责有害物质的分解、营养素的合成和分解以及胆汁的合成，属于沉默的器官，在病况没有严重恶化时，不容易出现症状。

心脏

心脏是负责全身血液循环的器官。由肌肉（心肌）、瓣膜、血管组成的中空器官可分成4个腔室——右心房、右心室、左心房、左心室。心室负责推送血液，心房则负责接收血液。当心脏输送的血液不足，或者血液无法正常流回至心脏而在其他部位如肺、胸腔停留时，就会出现危险。

膀胱

膀胱是负责贮存尿液的器官。在肾制造的尿液，会通过输尿管送至膀胱暂时贮存，再通过尿道排出体外。其中，肾和输尿管称为"上泌尿道"；膀胱和尿道称为"下泌尿道"。

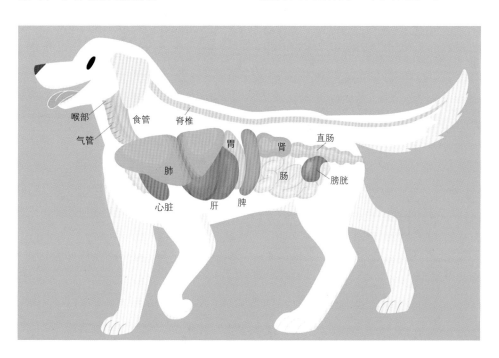

喉部　食管　脊椎　　　　　　胃　　肾　直肠
气管　　　　　　　　　　　　　　　肠　　　膀胱
　　　　　　　肺　　　　心脏　肝　脾

狗狗生病不惊慌，治疗方式全解析

兽医诊察的逻辑

一旦家长发现狗狗的饮食习惯、行为举止或体态等发生了变化，往往就会将狗狗带至动物医院进行检查。兽医对狗狗的检查，一般都会在诊疗室从问诊开始，但是临床检查是从一进门或在候诊的时候就已经开始，这时候的检查，可以从狗狗的步态、精神、外观等表现，进行初步的观察。诊疗室内的检查从理学检查开始，并从中衍生出相对应的其他检查。

| 1. 问诊 |

根据临床症状来进行问诊，例如病例是因为呕吐或者拉肚子前去动物医院，问诊的项目可以包括：是否完成定期疫苗施打，驱虫计划，食欲，精神状态，饮水量，临床症状发生的时间点，症状发生频率，症状持续时间长短，有无经过治疗，目前是否在进行治疗，用过哪些药物，在家中是否会有哀鸣，有无拱背，最近有无吃到家中的玩具、布料、缝线等。

| 2. 视诊 |

视诊指在诊疗室中可以观察到动物是否有疼痛的表现，或者有其他相关或是非相关的疾病。表现比如跛行，脸部两侧不对称，眼泪过多或过少，搔痒，流口水，流鼻涕，脱毛等。

| 3. 听诊 |

包括心音、呼吸音、胃肠蠕动音等。

| 5. 确认生理数值 |

诸如体重、体温、心率、呼吸次数、脉搏强弱、黏膜回血时间、脱水状况等。

| 4. 触诊及叩诊 |

触诊是依据不同的临床表现来进行的。例如后肢跛行，所需要做的触诊的部位包括脊椎、髋关节、膝关节、踝关节、指关节、脚掌，以及包覆后肢骨骼的肌肉。叩诊主要是针对胸腔与腹腔，尤其是叩诊时的回音改变。如果腹部肿大，叩诊腹腔时会听到鼓音，表示腹部有胀气；如果是有波动感，则可能是腹部有积液。

基本的临床检查包括问诊，视诊，听诊，触诊及叩诊，确认生理数值。从中可以收集到病例的资讯，缩小疾病诊疗的范围，但是疾病有可能是原发的或者继发于另一个组织器官的异常或疾病，此时所呈现出来的临床症状具有多样性，必须借助其他检查加以诊断。

| 身体不同系统的异常所对应的诊查 |

临床症状

1 五官
- 基础检查：问诊、体重、心率、呼吸次数、体温、视诊、触诊、听诊
- 针对性检查：检耳镜检查、检眼镜检查、泪液分泌检测、角膜荧光测试、耳垢抹片检查、气道检查、X线检查、内镜检查、血液/血清生化检查、内分泌检查

2 皮肤
- 基础检查：问诊、体重、心率、呼吸次数、体温、视诊、触诊、听诊
- 针对性检查：皮毛检查、细菌培养、过敏原检查、霉菌荧光测试、抗体检测、内分泌检查

3 消化系统
- 基础检查：问诊、体重、心率、呼吸次数、体温、视诊、触诊、听诊
- 针对性检查：口腔检查、齿垢检查、牙周发炎检测、齿龈细菌/细胞抹片检查、吞咽测试、X线检查、超声检查、粪便检查、血液/血清生化检查、胰脏发炎检测、胰外泌素检查、内镜检查、腹腔镜检查

4 呼吸系统
- 基础检查：问诊、体重、心率、呼吸次数、体温、视诊、触诊、听诊
- 针对性检查：X线检查、内镜检查、断层扫描、内分泌检查、血液/血清生化检查

5 心血管系统
- 基础检查：问诊、体重、心率、呼吸次数、体温、视诊、触诊、听诊
- 针对性检查：血压检查、心电图检查、血液/血清生化检查、X线检查、超声检查、断层扫描

6 内分泌系统
- 基础检查：问诊、体重、心率、呼吸次数、体温、视诊、触诊、听诊
- 针对性检查：皮毛检查、内分泌检查、血液/血清生化检查、X线检查、超声检查、断层扫描

7 骨关节系统
- 基础检查：问诊、体重、心率、呼吸次数、体温、视诊、触诊、听诊
- 针对性检查：神经检查、各关节检查、肌肉张力/厚度检测、血液/血清生化检查、X线检查、断层扫描

8 神经系统
- 基础检查：问诊、体重、心率、呼吸次数、体温、视诊、触诊、听诊
- 针对性检查：神经检查、血液/血清生化检查、X线检查、断层扫描、磁共振

9 肿瘤
- 基础检查：问诊、体重、心率、呼吸次数、体温、视诊、触诊、听诊
- 针对性检查：细胞采样检查、X线检查、超声检查、血液/血清生化检查、断层扫描、磁共振

第 **1** 章

狗狗的异常可以从
五官、行为来观察

异常，代表有别于正常，
最容易发现的就是"五官"与"行为"的异常，
"五官"则包含了"眼、耳、鼻、口、皮肤"。
如果主人能多陪伴狗狗，
就能更好地了解它的生活习性，
及早发现异状。

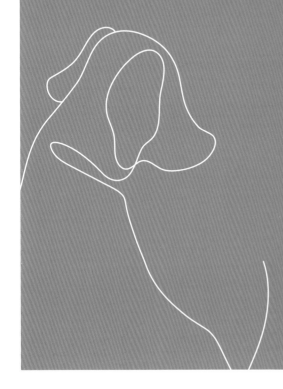

五官出现异常——眼睛

眼屎忽然增加很多，眼睛发红，还常常流泪。你可能以为狗狗在哭，但其实却是身体出现异常的信号！我们先从五官中的眼睛来讲，当狗狗眼睛出现哪些异常时，主人就要开始注意了。

眼睛发红，眼泪异常，常用爪子蹭眼睛

| 可能原因 |

- 外力撞击
- 眼睑内翻
- 结膜发炎

- 干眼症
- 呼吸道问题

→ p.43

常常眨眼，会用前肢抓眼睛，眼睛表面失去光泽

| 可能原因 |

- 泪液不足
- 干眼症

→ p.47

眼白处变得很红，有时会流出黏液般的分泌物

| 可能原因 |

- 结膜发炎
- 干眼症
- 鼻道不通畅

→ p.49

结膜发红充血，眼屎量明显增加，眼睛怕光，流泪不止

|可能原因|

- 血管增生
- 血液寄生虫

→ p.51

走路跌跌撞撞，眼睑肿起，视力明显退化

|可能原因|

- 脑神经、耳朵、眼睛出现异常

→ p.53

眼睛上有一层白膜，出现樱桃眼

|可能原因|

- 霉菌感染
- 细菌感染
- 角膜水肿
- 第三眼睑脱出（樱桃眼）

→ p.56

眼睛下方、嘴巴周围出现黑斑

|可能原因|

- 黑色素细胞瘤
- 甲状腺功能低下
- 皮脂腺分泌异常
- 牙齿齿根发炎

→ p.57

五官出现异常——耳朵

耳朵飘出异味

| 可能原因 |

- 外耳炎

→ p.60

常常抓耳朵后方

| 可能原因 |

- 耳疥癣
- 外耳炎

→ p.62

耳朵流出脓样分泌物

| 可能原因 |

- 耵聍腺增生
- 纤维素增生
- 癌症前兆
- 细菌感染

→ p.67

听力好像变差了

| 可能原因 |

- 遗传疾病
- 听力发育问题
- 药物影响
- 听神经自然衰退

→ p.69

耳朵红肿出血

| 可能原因 |

- 耳疥癣
- 掏耳朵时太用力或太深
- 滴耳药时间过长
- 耳朵内有肿瘤

→ p.64

五官出现异常——鼻子

流鼻涕，喷嚏打不停，鼻塞

| 可能原因 |

- 过敏性鼻炎
- 水蛭入侵
- 癌症
- 鼻黏膜水肿
- 分泌物堵塞鼻道

→ p.72

一直流鼻水

| 可能原因 |

- 过敏性鼻炎
- 肺部出水
- 心肺功能问题

→ p.75

鼻尖干燥，皲裂

| 可能原因 |

- 犬瘟热等传染病
- 寄生虫感染

→ p.76

鼻子发出恶臭，喷出乳酪样液体

| 可能原因 |

- 细菌感染
- 霉菌感染
- 鼻腔肿瘤（接触型菜花）

→ p.78

鼻子流出的液体带有血丝

| 可能原因 |

- 水蛭寄生
- 肿瘤
- 自体免疫问题
- 其他不明原因

→ p.81

五官出现异常——嘴巴

出现口臭

| 可能原因 |

- 胃部食物未消化完全
- 牙结石
- 牙齿瘘管

→ p.84

嘴巴稍微碰到就会痛

| 可能原因 |

- 外伤造成
- 口腔受到感染
- 咬合不正

- 颜面神经受损
- 甲状腺功能低下

→ p.87

流很多口水

| 可能原因 |

- 口腔发炎
- 神经问题
- 口腔闭合不完全
- 手术后
- 中毒

→ p.89

牙龈发红肿大，流血

| 可能原因 |

- 细菌感染
- 肿瘤

→ p.90

出现吞咽困难

| 可能原因 |

- 喉头偏瘫或全瘫
- 喉头狭窄或有肿瘤
- 瘘管
- 喉头水肿
- 反射神经受损
- 异物阻塞

→ p.91

喉头发出异常声音

| 可能原因 |

- 术后喉头水肿
- 单纯水肿，如食物过敏引起
- 喉部肿瘤
- 软腭过长
- 喉头偏瘫、喉头麻痹

→ p.92

持续呕吐

| 可能原因 |

- 饮食过量
- 吃到无法消化或咀嚼的食物
- 过度饥饿
- 吃太快

→ p.93

五官出现异常——皮肤

时常搔痒

| 可能原因 |

- 异位性皮肤炎
- 湿疹
- 其他细菌性皮肤炎
- 趾间炎

→ p.99

出现少量掉毛

| 可能原因 |

- 霉菌感染
- 内分泌问题
- 正常的季节换毛

→ p.105

皮肤摸起来有油腻感，身上有很多小红斑

| 可能原因 |

- 异位性皮肤炎
- 过敏性皮肤炎

→ p.100

毛发越来越稀疏

| 可能原因 |

- 库欣病
- 其他内分泌问题

→ p.107

行为出现异常

走路时一跛一跛

| 可能原因 |

- 关节炎
- 关节脱臼
- 骨折
- 韧带断裂
- 肌肉拉伤
- 扭伤

→ p.112

身体出现震颤

| 可能原因 |

- 脑部异常
- 神经压迫
- 肌力不足
- 体内离子不平衡或流失
- 胸椎、腰椎异常

→ p.115

不停发抖

| 可能原因 |

- 关节疼痛
- 内脏发炎或受到压迫
- 气温过低
- 细菌或病毒感染

→ p.116

一直绕圈圈

| 可能原因 |

- 脑神经异常
- 前庭系统（耳朵）异常

→ p.118

动不动就拱背

| 可能原因 |

- 身体疼痛
  → p.120

常常咬尾巴

| 可能原因 |

- 尾巴发痒、发炎
- 其他部位异常的警告信号
  → p.121

常磨屁股或舔屁股

| 可能原因 |

- 肛门腺堵塞导致发炎
  → p.122

出现疝气

| 可能原因 |

- 排便困难、长期便秘
  → p.124

受过训练还是随地撒尿

| 可能原因 |

- 狗狗是健忘的
- 肠道出现异常
- 慢性膀胱炎
- 结石问题
  → p.125

突然出现歪头情况

| 可能原因 |

- 落枕
- 受外力撞击
- 从高处摔落

→ p.127

流口水且发抖，站不稳

| 可能原因 |

- 血糖过低
- 胰岛素过量
- 产后癫痫
- 甲状腺功能亢进

→ p.128

汪!

变得不爱亲近人，常躲起来

| 可能原因 |

- 曾受到虐待
- 社会化不足，缺乏安全感
- 身体疼痛

→ p.130

不停用头去顶硬物

| 可能原因 |

- 脑神经／脑部退化

→ p.131

不睡觉或作息突然改变

| 可能原因 |

- 脑神经／脑部退化

→ p.132

变得爱舔脚指头

| 可能原因 |

* 感到无聊
→ p.133

舔咬身体特定部位

| 可能原因 |

* 该区域有外伤
→ p.134

走路无力，容易疲倦

| 可能原因 |

* 椎间盘压迫到神经
* 心肺功能衰退
* 关节受伤、退化或关节炎
* 肾脏问题
→ p.135

脸部不对称

| 可能原因 |

* 疱疹病毒
* 外伤
* 脑神经病变
* 其他不明原因
→ p.137

第 **2** 章

带狗狗就医前，
先确认这 7 件事

建议主人在带狗狗就诊前，
可以先观察、回想下列 7 件事，
问诊时就能大幅协助医生做出更精准的诊断，
也能让爱犬得到最适切的检查与照顾。
接下来的篇幅，
将针对这 7 件事做更详细的解说。

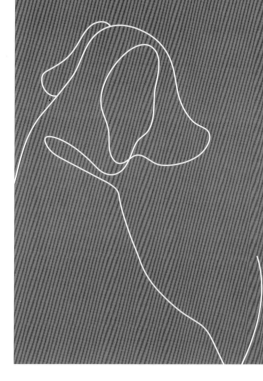

1. 最近的精神状态如何
2. 最近的排便状况如何
3. 体温是否正常
4. 体重是否正常，是否有变动
5. 过去的预防针注射和驱虫记录
6. 过去病史，是否已自行投药
7. 家中成员、环境有无异动

1. 最近的精神状况如何

吃，喝，玩，乐，呕吐，排尿，结石

怎么知道狗狗是不是有活力的？主要就是从"吃、喝、玩、乐"这4个方面观察。

①吃

吃指的是狗狗的食欲、进食情况。如果它突然间吃得很少，食欲突然减退，或突然进食量增加，比如说晚上还会去翻垃圾桶。一般来说，都是因为身体疼痛，或者有其他状况。所以，如果观察到狗狗最近跟以前不太一样，就要带它去看诊。

②喝

喝水量突然之间增加很多，或者突然变得太少。一般来说，狗狗一天所需的水分，至少是体重的1/16；或者以每天每千克大约需要40mL的水计算，例如20kg重的狗狗，一天就需要喝到40×20=800mL的水量，这其中包含来自食物、饮用水的水分，当然还要考虑它的活动量和季节等因素。

水喝得不够不行，不过如果喝太多，比如每天每千克超过100mL，也可能是一些疾病的前兆。

怎么知道狗狗喝的水够不够？除了记录给水量，也可以轻轻捏起狗狗的脖子后或肩膀位置的皮肤，一般正常的情况，一放开手，皮会马上回去，但是如果时间上有一点延迟，可能就有达到5%的脱水，就要补水了。不过，当狗狗有呕吐、下痢（拉肚子）的情形时，也会造成脱水。

另外，也可以观察它的尿量来得知水喝得够不够多，喝水少，尿量就会少，而且尿液的颜色会比较深，由于膀胱一直泡在尿液里面，所以尿液就容易产生结晶，结晶之后就会形成结石，有时是在输尿管形成结石，有时是在肾脏形成结石，这就要动手术了。

泌尿系统结石的处理方式

狗狗喝水太少，就容易导致肾脏结石或输尿管结石。

肾脏结石可以用微创手术，把石头夹出，但如果是输尿管结石，目前的医疗器械还没有小到可以疏通输尿管，只能用传统手术方式，把输尿管切开后，取出结石后再缝合起来，或者装导尿的辅助系统，让输尿管休息，甚至是取代输尿管。当输尿管因结石而阻塞得很严重时，肾脏也会因此变大，变成"水肾"，因为尿液没办法排出，严重时甚至要摘除一个肾脏。

尤其对猫咪来说，水分更重要。体内没有水分，胃肠蠕动就会停滞，粪便就会在猫咪体内累积，可能会演变成巨结肠症，而且这是连动手术也不一定会康复的疾病。

另外，目前为止因为没有肾器官的来源，所以没办法帮动物换肾，目前在动物医疗上，还没有器官移植技术，只能用干细胞让衰败组织恢复原来的功能，但实际上有没有成效还是各说各话。所以，平时多注意狗狗摄取的水量是否足够，就可以避免小毛病变成大问题。

狗狗泌尿系统出现结石的 3 种表现

· 尿频

· 排尿困难

· 尿失禁

27 🐾

③玩

比如说以前你下班的时候，它会到门口迎接，碰触你的身体，跟你玩一玩，舔舔嘴，舔舔手。但是如果突然间都没有这些行为了，就代表有问题。

④乐

乐就是指它快不快乐，如果它身体疼痛或者不舒服，它就不会快乐，这个讲起来比较抽象，但是只要多观

察它平常的作息就可以发现，如果它每天摇尾巴，但突然之间尾巴只摇了两三下，应付一下就没了，那就代表有问题。

其实就跟我们人是一样的，当然身体健康的时候，吃得下，喝得下，可以跟朋友到处去玩，身体健康的时候，你会觉得身心都很快乐。如果其中一项有问题，比如说发烧的时候，会吃不下，只想睡觉，不想出去玩。因为身体不舒服，所以也不会快乐。以"吃喝玩乐"这4个字，就可以很简单地判断狗狗的健康状况，这套用在人或者动物上都是一样的。

· 狗狗身体不舒服时会失去活力，可以从"吃、喝、玩、乐"4个方面确认

那么，当狗狗有异常时，要告诉医生是什么时候发生的。如果可以精确地说出发生时间是在早晨、中午、

还是晚上，会更好。再者就是这个情况发生多久了。比如说呕吐，什么时间吐？吐了多久？吐出来的东西内容物是什么？内容物是白色的泡沫，还是带有一些黄色的液体？或者是消化的食物，还是没有消化的食物？这些不同情况，在医生的诊断上所代表的现象不一样，甚至不一样的呕吐方式，各代表着不同的疾病，发生的原因也就不太一样。另外，狗狗会不会低鸣（就是呜呜叫，很像在哭泣），如果会低鸣，那持续时间多久？这些信息都有助于医生的诊断。

| 狗狗呕吐物的代表意义 |

呕吐物形状与颜色	透明略白、泡沫状的呕吐物	呈现黄绿色液体的呕吐物	出现偏咖啡色的呕吐物	带红色的呕吐物
呕吐物来源	消化道液体	胆汁	胃部出血	体内急性出血
呕吐原因	误食异物	肠胃道溃疡	胃溃疡或十二指肠溃疡	体内有大量出血的情形

除此之外，对狗狗来讲，在季节转换期，只要有一些临床症状，比如像呕吐、干呕，或有软便、下痢，建议到动物医院做检测，因为可能是胰脏发炎导致，必要时要给狗狗吃处方狗粮。如果主人是上班族，晚上才下班，上班的时间狗狗在家里发生什么问题都不清楚，我建议可以在家里装录像机，用手机 App 连线就可以看到它的生活作息，如果真的不放心，可以放在动物医院，请医院方面帮忙观察。

· 无法一直陪伴在狗狗身边时，建议通过手机 App 留意狗狗的状态

29

这样做可以缓解焦虑

· 担心狗狗到陌生的地方会焦虑，可以找件它最常躺的衣物一起带过去

⊙ 没有办法全程陪伴狗狗时，找件有家里气味的衣物给它

当狗狗有异常状况时，虽然可以请动物医院帮忙观察狗狗的情况，但是动物医院里面的味道跟家里的味道绝对不一样，有些狗狗会有分离焦虑，或者对要到陌生的地方有压力，所以在送狗狗到医院之前，可以先找一件它最常躺的衣服，因为有它熟悉的味道，将衣服和狗狗一起带过去，这样可以增加它的安全感，在主人没有空照料狗狗的时候，可以用这种方法来做一个必要的处理。

2. 最近的排便状况如何

粪便分级表，便便颜色，黑便，水便，牙齿疼痛影响进食

狗狗的粪便出现异常，和它的身体状况密切相关。

例如牙齿疼痛的狗狗，食物进到口腔后，它几乎不会咀嚼，就是直接吞进去，缺少唾液的初步消化，就只能靠胃部的胃液来消化，胃的负担就会比较重，而胰脏会分泌胰蛋白酶消化蛋白质，胆会分泌胆汁来消化脂肪。当胰蛋白酶慢慢把蛋白质分解成小分子以后，食物到了十二指肠，空肠开始进行吸收，肠道产生肠液，再进入回肠，开始形成粪便，等粪便到了一定的量，就会到达直肠，接着从肛门排出，但是当消化机制被破坏的时候，粪便在肠道停留时间就会变短，于是我们就会看到没有成形、稀稀软软的便，甚至像水一样。

狗狗的正常粪便形状，依据粪便分级表，应该以第四级为标准，第五级就是稍微干硬了，代表它摄取的水分不够，如果看起来油亮油亮的，像拉肚子的情况，那就表示有肠子的黏液沾在便便上，不过我们一般都是以粪便有没有成形来界定，如果成形就没问题。

另外，如果狗狗排出了黑便，代表它的上消化道有出血的情况，因为血液经过肠液的分解会变成黑色；如果是水便，就表示肠道蠕动太快了，没办法吸收水分，可能是肠道受到刺激，这个刺激的来源有很多，包含外来病原、细菌、病毒等，或者有时候是狗粮突然间转换，让肠道里面的菌群突然改变，粪便就会跟平常不太一样。

有时候你会在便便里面看到未消化的东西，那表示它的消化酶不足，如果大便的颜色偏白，代表狗狗常常吃骨头、咬骨髓，这种在早些年比较常见。另外就是当胰外泌素分泌不足的时候，它的大便颜色就会跟大理石一样偏白，这是需要治疗的，在食物里加入胰酵素，属于一种消化酵素药品，来加速它的消化。

当狗狗的排便出现异常时，记得拍下狗狗粪便的状况，方便就诊时给医生参考，协助诊断。

粪便分级表

第一级
粪便不具备明确形状，一排出就直接像水一样溢开

第二级
稀软的粪便，有模糊的形状

第三级
粪便呈固体圆柱状，但状态偏软

第四级
粪便完整成形，有分段，没有干硬感

第五级
粪便干硬，形状明确

3. 体温是否正常

正常体温，皮温，肛温

狗狗的正常体温在38℃左右，比人体大概要高1℃，有时候和情绪也有关，如果狗狗比较紧张时，体温也会比平常高一点，但如果当它的体温已经高于39℃，狗狗就会明显感到不舒服了。

那么，如何帮狗狗量体温？方法有两个，一个是量它的鼠蹊部，就是把温度计夹在它的后腿根部，可是这个方法量出来的是皮温，皮温会比正确的体温少1℃左右，所以如果是量皮温，要再加1℃才是正确的体温。

一般来说，我们会建议量肛温，将肛温计从肛门插入以后，要让里面的水银球碰触到狗狗的内脏器官，不是插在大便里面，戳入后约等45秒拔出查看。如果测出温度过低，就有可能是插到便便里面了，所以肛温计插入以后，手握住的地方要略往上抬，温度计的头才会往下，才能正确量到狗狗腹部的温度。

狗狗正常的体温会在38℃左右，如果体温偏低，在37.5℃或37℃的话，这时候就要确认脉搏，看看狗狗的代谢功能是不是下降了。

为什么体温很重要？因为恒温动物都有一个正常的代谢速率，正常代谢速率就是靠燃烧能量来维持正常体温，体温正常时，血液循环，心脏，甚至体内酵素代谢、吸收、排出等都能在正常的环境下运行，但如果体温过高，蛋白质会变性，辅酶开始没办法正常工作；如果体温太低，很多该消耗的能量没有消耗，堆积后就会变得肥胖，甚至还会积累一些毒素。

· 狗狗的肛温超过39.5℃或低于37℃都是异常情况

4. 体重是否正常，是否有变动

怎样算太胖／太瘦，糖尿病，甲状腺，理想体重，绝育后发胖，关节受损

狗狗跟人一样，身体获取的能量有3种来源：一是糖，二是脂肪，三就是蛋白质。当狗狗身体越来越消瘦的时候，可能是发生以下情形，当狗狗的碳水化合物（糖）摄取不够，身体就会开始溶解脂肪来产生热量，例如人类所谓的生酮饮食，就是分解脂肪来产生热量，让脂肪量减少。但是，当你这两个能量都没有办法代谢或不够的时候，就会开始溶解你的蛋白质，溶解蛋白质就代表肌肉会开始萎缩，整个身体姿态就会变形，狗狗也会看起来越来越瘦，疲倦无力。

相反地，当能量的摄取量大于代谢量的时候，狗狗就会开始发胖，体重增加，但除了饮食量的影响之外，还有另外一个原因，是来自疾病的影响。

例如狗狗有糖尿病，刚开始会发胖，但是最后能量会没办法进到细胞里面，就像是吃进去的东西都被关在门外，身体就会变得消瘦，因为细胞一直没有得到能量。

另外是甲状腺的问题，甲状腺功能低下或甲状腺功能亢进。甲状腺功能亢进就是代谢速率增加，表现情况就是狗狗吃很多，可是体重却一直减轻；甲状腺功能低下就是相反，没有吃特别多，体重却持续上升。

我们看一只狗狗的身体状况，其中之一就是体重有没有维持在理想状态，这可以参考"身体状态指数BCS"（Body Condition Score），体重变化也是医生问诊时希望主人能提供的信息之一。

胖狗很可爱，却有罹患关节炎和心肺功能疾病的风险

· 狗狗肥胖会引起许多问题，尤其是关节炎和心肺功能下降

　　绝育手术后，因为激素的影响会让代谢下降，如果饮食量没有改变，就很容易造成肥胖，但是即使没有绝育（结扎），现在大家对狗狗都照顾得很好，但要注意，狗狗一旦胖了，就会造成关节损伤，你要叫它起来运动，它一定会走两步路就停下来。

　　如果发现狗狗有上述情况，最好在就诊之前先把它走路的异常状况录下来，因为有时候狗狗来到动物医院，突然间就好了。有时候它一紧张就会变好，但是出了诊室又开始跛脚，走不动，有时候主人会很无奈，回家过一段时间又过来看诊。

　　另外，肥胖对于狗狗的心肺功能，呼气、喘息都有影响，因为脂肪会占据你的腹腔、体腔，会产生压迫。它呼吸的时候，就会容易喘，不舒服。另外，心脏工作起来也会受限。因为血管里面的胆固醇量变高了，也要注意它的血压、血糖。现在动物的寿命也越来越长，所以一些慢性疾病就会开始越来越多。

| 狗狗的身体状态指数 |

等级	表现状态	
过瘦 理想体重的85%以下	从外观就能看到狗狗肋骨、腰椎的形状，从上方看，腰部和腹部明显内缩，身上几乎没有脂肪	
体重不足 理想体重的 86%～94%	可以轻易摸到狗狗的肋骨，从上方看，腰部和腹部明显内缩，外观看起来只有少数脂肪包覆着	
理想体重 理想体重的 95%～106%	能摸得到肋骨，但外观看不见肋骨形状，外观看起来被一点脂肪覆盖。从上方可以轻易看出腰部的位置，侧面看则会发现腹部到尾巴的线条明显往上提	
体重过重 理想体重的 107%～122%	几乎摸不到肋骨，其他部位的骨骼构造也是勉强才摸得出来，外观看起来被更多脂肪覆盖，侧面看腹部到尾巴的线条只有微微往上	
肥胖 理想体重的 123%～146%	外观被厚厚的脂肪覆盖，完全摸不到骨头	

狗狗绝育后喂食的量要跟做绝育手术前一样，至少维持两周到两个月。

5.过去的预防针注射和驱虫记录

多久打一次，寄生虫，口服药或滴剂，疫苗，外出防虫准备

关于预防针的注射、驱虫，这些是问诊时基本要了解的，这样才能先确认狗狗可能罹患什么疾病，或较有可能受到哪种病毒或细菌感染。

防止传染病要靠注射疫苗，防止寄生虫要靠投药。有些人认为我的狗狗都待在家很干净，觉得不用担心。但是有些寄生虫是人畜共患的，狗狗没有出门，但人会出门，会把寄生虫带回家里。有些寄生虫对于人类无害，但对狗狗有害，更不用说常到户外活动的狗狗了。

驱虫药可分成口服药、滴剂两种，有的针对体内寄生虫，有的专门对付体外寄生虫，还有以狗狗感染寄生虫前的"预防用药"和"感染后的用药"，一定要仔细确认。

另外，要注意医学检查是否有异常，如果体温升高，应先找出让体温升高的原因，要先排除隐患，再打预防针。

帮狗狗定期驱虫的方式

驱虫方式	口服药	滴剂
说明	针对体内寄生虫	针对体外寄生虫
维持效期	一般以一个月投药一次为准	
使用方式	狗狗大多不喜欢药味，建议把药捣成粉末状或和鲜食混合一起再给它吃	必须把药滴在狗狗不会舔到的部位，例如颈部上方，而且用画长条的方式滴上去，不要大量滴在同一个部位，药剂的刺激性可能会让狗狗不舒服
注意事项	适用于两个月以上的狗狗	

◎出门前、后的防蚤措施

出门前	· 在狗狗脚上喷防蚤喷剂 · 帮狗狗戴防蚤项圈
出门后	· 帮狗狗梳毛、擦脚、擦身体

6. 过去病史，是否已自行投药

处方狗粮，目前用药，慢性病史

在就诊前，很重要的是过去的病史，狗狗曾经患过什么疾病？多久前发生的？生病多久？或者有一定的发病频率？如果狗狗在其他动物医院因为同样的症状就诊过，那主人要告知医生用了什么药，现在有吃处方狗粮吗？因为很多现象可能是药剂造成的，我们也能评估用药会不会造成冲突，所以一定要把这些信息都告知医生。

例如带狗狗看过心脏病，要告知医生，这样在检查上就会比较全面，不会只针对今天就诊的个别问题来做诊治。另外，有时候现阶段的疾病，可能是继发于之前的疾病，也有可能是新疾病，希望主人带狗狗就诊时，能尽量多提供狗狗的就医记录、用药等相关信息，让医生能够更精准地诊断。

| 医生问诊时，需要主人提供的重要信息 |

· 主人是否已自行投药，或狗狗正在服用哪些药物

· 狗狗是否正在吃处方狗粮

· 狗狗过去的病史

7. 家中成员、环境有无异动

分离焦虑，怕生，狗狗社会化

最近家里环境有没有改变？因为年纪越大的狗，对主人的依赖性会越强，有时候没看到主人，就会一直找，有些狗狗社会化得不够，建议要给它跟别的狗狗多一点互动的机会，如果一直待在家里面，不出门，就会很怕生，这对狗狗来说非常不好。

我们也常常遇到马上要准备动手术了，狗狗却在笼子里面叫一整天，这就代表它有分离焦虑，需要有人抱抱它。所以有时候狗狗住院，我们没办法把它关在笼子里，就一边抱它，一边工作，希望增加它的安全感。不过日前我们发现最怕痛的是柴犬，常常一看到针筒就开始抖了。

容易有分离焦虑的狗狗

· 高龄犬

· 社会化不足的狗狗

· 家中多了新成员

特别附录：狗狗异常状况检查表

如果狗狗有这些异常表现，请带它到动物医院就诊。

部位	异常表现
眼睛	○眼睛受到撞击　○眼睛发红　○眼睛或眼睑肿胀 ○眼白出现血斑　○眼睑局部或全部闭合 ○眼睛出现异常分泌物，或气味、颜色改变　○眨眼频率增加 ○常常搔抓眼睛　○视力下降　○ 眼睛变得灰蒙蒙 ○周围出现黑斑或肿块
毛发（皮肤）	○出现黑斑或肿块　○常搔抓或舔舐皮肤 ○油腻　○无光泽　○异常干燥 ○出现碎屑（可能是寄生虫、跳蚤粪便、结痂或疥癣） ○局部或严重掉毛　○毛发逐渐变稀疏 ○身上出现许多小红斑
四肢	○走路不稳或跛行　○走几步路就停下休息 ○不走路，整天只想趴着　○一直用头去顶东西 ○身体抽搐　○不停发抖　○一直绕圈圈
鼻子	○流出异常分泌物，浓稠度、颜色异常　○鼻头干燥甚至皲裂 ○不停流鼻水　○流鼻血　○鼻孔发出恶臭
口腔	○出现口臭　○蛀牙　○牙龈红肿　○牙龈出现肿块 ○牙龈出血　○吞咽困难　○流很多口水
耳朵	○耳内飘出异味　○流出异常分泌物，注意颜色、形态 ○常搔抓耳后　○听力变差
排尿	○喝水量异常　○尿量异常多／少 ○排不出尿液　○排尿频率异常
排便	○进食量异常多／少　○颜色、形态异常（便秘或下痢） ○排便频率异常高／低
其他	○作息忽然改变，晚上不睡觉，一直吠叫 ○叫声怪异，像猪叫　○变得喜欢躲起来

第 3 章

狗狗五官等出现异常，
是健康出现问题的信号

家里的狗狗健康吗？
狗狗的五官包含"眼、耳、鼻、口、皮肤"，
当五官出现异常，
比如常常用爪子搔眼睛，出现脱毛、嘴巴发出臭味等，
都可能是狗狗的身体状况亮红灯的表现，
一起来了解应对措施，
以及看诊前的必备知识吧！

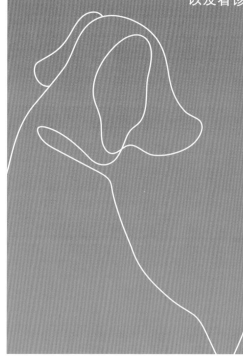

眼睛出现异常

眼屎忽然增加很多，眼睛发红，还常常流泪。你可能以为狗狗在哭，但其实却是身体出现异常的信号！

Q1 眼睛发红，眼泪异常，常用爪子蹭眼睛→ p.43

Q2 常常眨眼，会用前肢抓眼睛，眼睛表面失去光泽→ p.47

Q3 眼白处变得很红，有时会流出黏液般的分泌物→ p.49

Q4 结膜发红充血，眼屎量明显增加，眼睛怕光，流泪不止→ p.51

Q5 走路跌跌撞撞，眼睑肿起，视力明显退化→ p.53

Q6 眼睛上有一层白膜，出现樱桃眼→ p.56

Q7 眼睛下方、嘴巴周围出现黑斑→ p.57

眼睛发红，眼泪异常，
常用爪子蹭眼睛

| 可能原因 |

- 外力撞击
- 眼睑内翻
- 结膜发炎
- 干眼症
- 呼吸道问题

狗狗眼睛出现异常，第一个最容易察觉到的，就是眼睛开始变红。所谓的变红，就是可以观察到眼白处有一层红色。首先可以观察是不是有出血？或想想有没有撞到？如果是撞击所造成的眼角出血，甚至突然失明，要马上到动物医院检查。

另外则是眼睑内翻或结膜发炎。眼睑内翻会导致睫毛刺激到角膜造成不适，让狗狗泪流不止。结膜发炎比较常见的是由空气污染引起的，当空气中的悬浮微粒附着在结膜上时，狗狗的眼睛会有异物感，就会去抓，造成眼白发红充血，流眼泪。

还有一个原因是干眼症，可能是因为老化，泪液分泌自然减少，也可能是疾病引起的。

除此之外，眼睛的异常也跟呼吸道、鼻腔有关，如果鼻腔有东西，或者患有鼻炎，使鼻泪管堵塞，就会造成泪液异常分泌，所以看到狗狗眼睛总是泪汪汪的，不一定是好事，建议赶紧带它到动物医院检查。

如果持续恶化

结膜发炎的狗狗常会用前肢内侧退化的拇指，也就是悬趾，去抓眼睛，造成角膜溃疡，也就是角膜的上皮层受损了。一般来说角膜浅层的受损，比如刮痕，或轻微擦伤，这种大约一周内可以愈合。不过如果持续恶化，后续会慢慢形成斑疤，甚至造成深度溃疡、眼前房液外漏等，如果主人没有注意到，延误就医，就会很麻烦，往往需要动手术修复。

| 检查项目与治疗方式 |

- 泪液分泌检测
- 角膜荧光染色
- 眼压测试
- 异位性皮肤炎检测

当狗狗的眼睛有异常情况时，一定是有一个刺激物。

到医院后，第一个步骤就是先做检查，通常先做的是"泪液分泌检测"，用泪液分泌检测试纸来检测泪液的分泌量有多少，确认是否有干眼症，因为干眼症会造成眼睛干痒，使狗狗去抓。如果确认是干眼症，建议使用含有四环素或类固醇的眼药膏。

再就是角膜荧光染色，是运用一种亲水性染剂，滴在狗狗的角膜上，检查角膜上皮组织的缺损严重程度，有染上色的地方就是角膜有溃疡的地方，角膜荧光染色并不会造成狗狗疼痛，也比肉眼或检眼镜检查准确。

还有眼压测试，确认狗狗是不是眼压过高，造成眼球外凸，进一步导致角膜受伤。

如果角膜有溃疡，就要用不含类固醇的止痛药来减缓，再搭配抗生素。另外，也可能运用自体血清来做角膜上的修复，由于血清的成分和泪液很接近，还具有修复组织和细胞的功能，通过抽取狗狗少量血液制作成眼药水，让角膜加速复原。

另外，像短吻狗，例如巴哥、奶油法斗、英国法斗、西施、拳师、波士顿梗犬、吉娃娃这些眼球比较凸的狗，角膜容易干燥，当它有眼睛发红、泪眼汪汪、用爪子蹭眼睛的现象时，就要带到医院检查角膜有没有溃疡，即使没有溃疡，也要帮它每天点眼药水，形成一层保护膜。

另外，可以补充叶黄素保健品来加以预防、改善黄斑部病变。选择这类的保健品时，建议优先选择专利原料大厂的产品，不论是原料品质或者安全性有更多的保障。这些保健品中还有山桑子、黑大豆、虾红素、鱼油、黑醋栗、松树皮、小米草等复方营养素，能全方位提供眼部所需要的各种营养。

目前来说，治疗角膜发炎或溃疡的方法众多，不过先决条件就是不要再让它去抓搔伤口。例如患干眼症的狗狗，除了自体免疫上有问题外，我们也会询问主人它平常的搔痒程度如何，再检查一下狗狗有没有异位性皮肤炎，因为异位性皮肤会造成抓痒，有时还会抓到不该抓的地方。狗狗到医院来，虽然呈现的是单一的疾病，可是一般我们在看诊的时候，要把可能跟这个疾病相关的疾病都找出来，再一并治疗。

戴上头套可以防止搔抓

⊙ 就医前这样做

在到达医院前，可以先帮狗狗戴上头套，防止它一再搔抓眼睛，造成更严重的情况，市面上的头套有很多种，选择适合的款式即可。另外，要避免自行去药局买眼药水或药膏，这是非常危险的。因为市售成药里头的类固醇，很多是绝对不能用在角膜溃疡上的，务必在咨询兽医后再使用。

⊙ 让它快速痊愈的方法

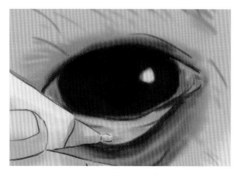

· 点眼药膏

将它的下眼睑往下拨，药膏涂在下眼睑凹槽的地方，涂上去以后轻轻往上推，等眼睛闭合，让药膏能够均匀分布，如果这时候它因为疼痛而眯眼，可以先帮它点止痛药，大概10分钟后眼睛就能完全地张开了。

· 避免含刺激性化学成分的清洁用品

家里的清洁剂、洗衣液、湿纸巾、香水、杀虫剂等，都可能含有会伤害狗狗的刺激性成分，例如次氯酸钠、氯和酚、乙二醇醚、甲醛、乙醇、d-柠檬烯等，如果有就要更换。此外，也要留意有没有粉尘污染等问题。

· 为异位性皮肤炎狗狗提供低敏狗粮

有异位性皮肤炎的狗狗，不建议让它吃一般狗粮，能给它吃一些低敏水解配方狗粮会更好，水解配方是将容易引起过敏的蛋白质、淀粉处理得更细小，既可以避免过敏反应，狗狗又能摄取到需要的营养。

常常眨眼，会用前肢抓眼睛，眼睛表面失去光泽

|可能原因|

- 泪液不足
- 干眼症

泪液里面有两种成分，一种是水分，另一种是油脂。其中油脂就是保护角膜最好的一个成分，所以狗狗眼睛失去光泽，就表示保护已经不够，表示它的泪液分泌是不足的。如果泪液充足，当我们在眨眼时，就像汽车的雨刷般，刷过之后就干净了。

|检查项目与治疗方式|

- **泪液分泌检测**

发现狗狗眼睛表面灰蒙蒙的，失去光泽，此时一定要带它到动物医院做泪液试纸检查，看看基础泪水的分泌量。如果泪液分泌不足，有可能是干眼症。

在治疗上只能用狗狗专用的人工泪液，随时滴，然后用角膜保护剂，一天2～3次，先把角膜保护好，

再使用含有类固醇或四环素的药水来治疗。

· 干眼症狗狗需要使用人工泪液与角膜保护剂治疗

如果持续恶化

干眼症情况严重时，狗狗甚至是没有泪液的，眼睛看起来不只干干的，第一眼看过去发现眼睛好像蒙了一层灰，这也是最容易被主人发现的异常之处。狗狗眼睛外观出现混浊，也就是"水晶体"出现问题了。

· 水晶体氧化病变的狗狗眼睛外观

它分为两种情况：一种是正常的水晶体退化过程，也就是"核硬化"，

跟白内障非常相似，它并不是疾病；另一种情况是眼睛的水晶体氧化，也就是"白内障"，属于疾病。

罹患白内障的狗狗，可能还看得到，但也可能完全丧失视力。如果已经丧失视力，就要做白内障置换手术，如果还可以看到，就先不必动手术。

糖尿病所造成的白内障，有一个白光点，那是白内障所产生的现象，就像蛋白质的变性，蛋白煮熟后就没有办法恢复到生的状态，所以只能减缓，无法治愈。我们会给狗狗吃一些抗氧化剂，比如花青素，或者提供眼药水或口服药，来减缓其恶化的速度。

· 罹患白内障的狗狗眼睛会呈灰白色混浊状

发现狗狗眼球出现灰色混浊物的处理方式

狗狗眼球中间有灰色混浊块状物 → 经医生诊断确认 →
"核硬化"（自然老化）
白内障（疾病） → 完全丧失视力 → 白内障置换手术
白内障（疾病） → 未丧失视力 → 眼药水或口服药

李医师的小叮咛

到动物医院做泪液测试

⊙ 就医前这样做

当发现狗狗眼睛出现灰色，一定要带它到动物医院做泪液测试。要先确定原因是什么，才能做进一步的治疗。例如有时候是狗狗的角膜有溃疡，就不能使用含类固醇的药剂，否则会延缓角膜的愈合。当角膜不愈合时，溃疡就会慢慢变深，小病有时候会因此变成大病。

眼白处变得很红，
有时会流出黏液般的分泌物

| 可能原因 |

- 结膜发炎
- 干眼症
- 鼻道不通畅

| 检查项目与治疗方式 |

- 泪液分泌检测

眼睛发红最常见的原因就是结膜发炎、干眼症，也可能是鼻道不通畅引起的。

首先，我们会观察分泌物，确认是不是结膜发炎，以及发炎的程度。顺便检查角膜，确认是否有溃疡或破损。也会进行泪液分泌检测，检查泪液的分泌量，看到底是不是干眼症所引起的。泪液试纸检测的结果，一般来说，狗狗正常的泪液分泌量为 15 ~ 25mm，泪液较少为 10 ~ 14mm，10mm 以下为泪液不足，也就是干眼症。老龄犬发生干眼症的概率比较大。

结膜发炎，如果有角膜溃疡或受

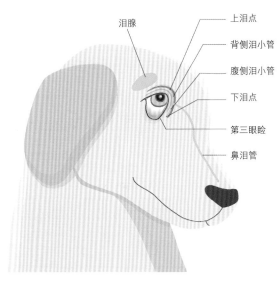

泪腺
上泪点
背侧泪小管
腹侧泪小管
下泪点
第三眼睑
鼻泪管

· 鼻泪管堵塞时，狗狗的眼泪和鼻涕都会变多

损，会给狗狗提供抗生素；如果是干眼症，就会使用人工泪液和角膜保护剂。

另外，我们也会观察它的鼻道，狗狗的鼻道有没有通畅？如果路径受阻，泪液自然就没办法分泌出来，也就会有一些眼屎堆积在那里。

一般在鼻子通畅的情况下，多余的泪水会经由鼻泪管流到鼻子内排出。当鼻泪管阻塞，眼睛表面便会积水，我们常常说一把鼻涕一把泪，当眼泪变多时，鼻涕也会慢慢变多，鼻道的阻塞也会越来越严重。

李医师的小叮咛

眼周分泌物颜色越深，发炎越严重

· 狗狗眼周分泌物呈透明或白色都是正常的

⊙ 就医前这样做

狗狗没有生病时，刚睡醒也可能出现眼屎，但量不会太多。如果发现家里的狗狗眼屎在增多，建议把它的下眼睑往下翻，检查眼睑。正常来说应该是粉红色，如果偏黄，那就是结膜在发炎，连带刺激分泌物增加。其次，可以观察分泌物的状况，是清澈的、乳白色的，还是黄色的，以此来推断结膜发炎程度。情况越严重，分泌物的颜色会越深。

结膜发红充血，眼屎量明显增加，眼睛怕光，流泪不止

可能原因

- 血管增生
- 血液寄生虫

狗狗的眼白开始变红（表示里面在严重发炎），一般来说都是由血管增生导致的。如果血管是从瞳孔下方的眼白慢慢往角膜增生，表示那个地方的角膜在缺氧，需要赶快带狗狗到动物医院，千万不要拖，越拖只会让它的疾病恶化。

检查项目与治疗方式

- 血液检查

当眼白变红时，还要考虑是不是还有出血斑。如果有出血斑，那就要做血液检查。如果血小板过低，表示凝血机制不完全，大概不会只有在眼白的地方出现血斑，在狗狗的皮肤上稍微用力戳一下，都可能会出现血斑。

另外就是检查身体里有没有血液寄生虫，如果狗狗被血液寄生虫的媒介例如壁虱、跳蚤、蚊子等叮咬，就会将血液寄生虫，如埃里希体、焦虫、心丝虫带入体内，导致贫血。

会入侵狗狗身体的寄生虫，可以分为体内寄生虫和体外寄生虫。体内寄生虫一般是寄生在狗狗的血液或肠道中，体外寄生虫则常见在狗狗的毛发、皮肤、耳道，两者都属于传染病的媒介。一般最常见的是蚊子、壁虱、跳蚤、毛囊虫、疥癣虫、心丝虫等。其中，毛囊虫也会躲藏在人的睫毛里面，属于人畜共患的寄生虫。

许多人认为狗狗都养在家里，没有出去，为什么要防寄生虫？虽然狗狗没有出去，但是人会出门。一旦出门，衣服裤子多多少少就会沾染到这些传染媒介，例如跳蚤，多通过建

导致狗狗生病的常见寄生虫	
体外寄生虫	跳蚤、壁虱、耳疥虫、疥癣虫、毛囊虫
体内寄生虫	心丝虫、蛔虫、钩虫、绦虫、鞭虫

筑工地、园艺场地等传播，并被带回家中。

有些主人喜欢带狗狗去户外活动，户外有很多壁虱、跳蚤。特别是壁虱，它通常藏在草丛的叶子上，有些狗狗很爱滚草地，因此被寄生，壁虱只要吸一次血，就可以数年不进食，生命力非常强。而蚊子通过叮咬，会将心丝虫输入狗狗体内，严重时会造成心血管疾病甚至死亡，所以寄生虫的防治很重要。

防治传染病要靠疫苗，体外寄生虫预防和治疗，要靠滴剂或者口服的药物，不过这些属于处方用药，一定要咨询兽医，了解狗狗的身体状况和需求后再购买。

寄生虫防治一定要按一定频率进行。如果使用滴剂驱虫，每个月要滴一次，如果使用口服药剂驱虫，要每月固定吃一颗，打预防针驱虫，固定时间就要注射。例如说冬天快到了，就要打肺炎链球菌，一年打一次。

养宠物慢慢地跟养小孩子一样，不只要陪伴，还要提供医疗服务。

狗狗的体外寄生虫

耳疥虫　　跳蚤

壁虱　　疥癣虫

Q5

走路跌跌撞撞，眼睑肿起，视力明显退化

| 可能原因 |

- 脑神经、耳朵、眼睛出现异常

狗狗走路跌跌撞撞的原因

> 脑部受损→神经受损导致平衡失调

> 眼睛问题→视力退化

> 耳朵异常→半规管、鼓泡室异常导致平衡失调

| 检查项目与治疗方式 |

- X线检查
- 超声检查
- 眼底镜检查
- 磁共振
- 照光检查

走路跌跌撞撞有几种原因，一种原因是狗狗的脑部产生的神经症状，造成共济失调（平衡失调）。共济失调会让狗狗的头没办法对焦，这时候就要做脑神经检查，看是不是脑神经损伤，可以对照表格检查哪几对脑神经出了问题，狗狗的反应到什么程度？是反应消失，还是亢进？另外，也要确认是不是有先天性的水脑。因为这些都会影响到一些临床症状。

接着，还要做耳朵的检查。因为有的时候可能是耳朵里的半规管产生了异常，或者是中耳或内耳平衡产生了异常，也会造成平衡失调。或者通过照X线，检查耳朵里面的"鼓泡室膜"是不是有液体，是不是因此导致上呼吸道感染，造成鼓泡室积液或者出血。如果在检查时就发现鼓泡

· 狗狗走路跌跌撞撞，可能是耳朵出了问题

室有异常现象，就必须进一步做区别诊断。

最后，再来判断是不是眼睛的问题。如果幼年犬有走路跌跌撞撞现象，一般来说可能跟遗传有关系，如果是老年犬，就表示它真的是视力退化了。而退化的原因就很多了，包括前面提到的脑部问题、耳道问题和眼睛问题，这3个检查出来后，才能提供比较全面的治疗，而不是只有单一的治疗。

· 如何判断狗狗的视力是否减退

最简单的方法就是看它能不能够看到食物，你需要拿多近它才看得到。另外，狗狗一直看着主人，说明它想确认是不是熟悉的影像。所以它走路开始会撞到东西，就表示它的视力开始减退了。

而视力减退，要确认的是视神经的衰退，或者视网膜的破损，所以需要检查的项目就会很多，例如需要做眼睛超声、眼底镜、磁共振等。

另一个视力减退的原因则是眼球肿大。导致眼球肿大的原因有很多，例如眼压上升。要用眼压计检查眼压，13 ~ 25mmHg（1mmHg=133pa）为正常值。另外，通过照光检查它的瞳孔会不会自然收缩，如果不能收缩，可能眼压过高。

如果眼压过高，表示它的眼前房的液体没办法排除，眼睛就会肿大，会压迫到视网膜而造成视网膜变

薄，导致视力变差。另外，眼压上升也可能影响到视神经，造成眼球整个突出。

最后是品种的问题，比如像短吻犬的巴哥，或者是奶油法斗，本身的眼球就比较突出。如果经过检查发现它都没有问题，但主人还是不放心，也可以做针对骨头肿瘤的断层扫描，或者针对软组织的磁共振。

· 狗狗的身体会莫名抽动，则可能是癫痫

如果狗狗走路不是跌跌撞撞，而是会莫名抽动，就要留意可能是癫痫，癫痫又分为小发作和大发作，小发作就是嘴角抖动，可是很多主人都会忽略掉，以为它是神经抽动。一般来说，主人会注意到的通常都是大发作，狗狗不只会四肢抽搐，有的时候甚至会咬自己的尾巴。

如果发生疑似癫痫的情况，主人当下要先安抚，然后要赶快送医院，有时候需要打一些镇定剂，让它先安定下来，否则大发作的癫痫是很危险的。

狗狗癫痫发作的表现

· 小发作：嘴角抖动　　· 大发作：四肢抽搐　　· 大发作：咬自己的尾巴

李医师的小叮咛

看诊前、后的准备与照顾

⊙ 就医前这样做

可以先观察狗狗从什么时候开始走路跌跌撞撞。除了这个症状以外，还有没有其他的症状，例如走路头会不会歪？会不会叫？头会不会抬不起来？这些都有助于诊断。

⊙ 照顾神经衰弱狗狗的方法

尽量避免让狗狗的五官受到强刺激，例如重金属音乐、突然燃放的鞭炮，或者是强光、惊吓等。尤其对有病史的狗狗来说更要避免。此外，味道一定不要乱改变，居家环境的摆设或味道不要突然间改变太多，否则会造成狗狗撞来撞去。如果撞到角膜，就会溃疡，严重时需要动手术修复。

眼睛上有一层白膜，出现樱桃眼

| 可能原因 |

- 霉菌感染
- 细菌感染
- 角膜水肿
- 第三眼睑脱出（樱桃眼）

眼睛上白膜形成的原因，有可能是霉菌或细菌感染，也有可能只是单纯的一层膜。另外有一种白膜叫作尾膜，它是一个瞬膜，又叫第三眼睑，有时候会覆盖整个眼球。仔细观察就会发现，狗狗在睡觉的时候，眼睛会有一层透明或半透明的皮褶，由内往外覆盖住角膜，它的作用是湿润及保护眼球表面。一旦被破坏，就会出现干眼症。

· 狗狗可能因为紧张而发生第三眼睑脱出的状况

如果第三眼睑不是被破坏，而是眼睑脱出，也就是在下眼睑内侧下方有一个红色肉团状的突出物，样子和小樱桃的样子很像，称为樱桃眼。不过无论是哪一种情况，都要带它去动物医院确认。

如果眼睛上有一层白膜，我们会确认那个膜是不是能刮除，有没有跟角膜粘连得很严重，还是只是角膜水肿。检查后如果发现只是一般眼睛外部感染，只要点眼药膏就可以，所以要通过检查来确定原因，再来做后续治疗。

如果是第三眼睑被破坏，引发干眼症，那就要用人工泪液和角膜保护剂治疗和保养；如果是第三眼睑脱出，外观像是眼睛掉出一个小肉球的样子，应尽早去动物医院，把狗狗脱出的眼睑推进去，顺便检测看看是不是有其他疾病。但如果状况比较严重了，推不回去，就需要动手术剪开后再推进去，不过对于眼睛多少会造成伤害。

除此之外，有第三眼睑脱出情形的狗狗，要避免受到惊吓或过于紧张，因为一紧张，就容易发生脱出现象。

眼睛下方、嘴巴周围出现黑斑

| 可能原因 |

- 黑色素细胞瘤
- 甲状腺低下
- 皮脂腺分泌异常
- 牙齿齿根发炎

| 检查项目与治疗方式 |

- **穿刺细胞抹片检查**

狗狗的眼睛下方跟嘴巴周围如果出现了肿块，检查时，要先做细针穿刺，制成细胞抹片进行检查，看看是不是黑色素细胞瘤。黑色素细胞瘤除了眼睛嘴巴周围容易出现外，皮肤、

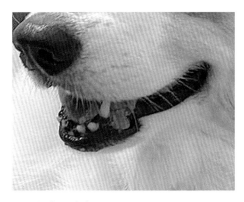

· 黑色素细胞瘤

脚趾也是好发部位。不过，也有可能只是黑色素沉淀而已。

黑色素沉淀可能是因为皮脂腺分泌异常，皮肤里面长一些粉刺，在治疗上做局部刷洗就可以了。

此外，就是内分泌的问题。

甲状腺的位置在狗狗颈部气管的两侧，内分泌系统中甲状腺功能低下时，甲状腺素分泌不足的狗狗，会有行动缓慢、容易疲倦、嗜睡及以皮毛看起来无光泽的情况，也会产生黑色素沉淀的情形，形成黑斑，治疗方式主要是通过药物控制。

当看到黑斑这个情况时，虽然只是一个小小的皮肤征兆，但需要综合考虑，通过穿刺化验来进行诊断。

另外，如果是在眼睛的下方看到一个鼓起的脓包，破掉后有脓出来，这种情况一般都不是眼睛的问题，而是因为第三前臼齿的齿根发炎。细菌通过齿槽骨、上颌骨，到达眼睑附近的皮肤底下，形成皮下脓肿，也就是"颜面瘘管"，是牙齿齿根发炎导致的脸部发炎，这个问题不在眼睛，而是牙齿的问题。

颜面瘘管在治疗上可以服用抗生

素，可是一旦停药，过几个礼拜以后，又会开始重新再发生。根本解决方法就是把牙齿拔掉，清洗牙齿里面后再把洞补上，配合口服抗生素和消炎止痛药。

所以有时候眼睛的问题并不局限在眼睛。眼前房液的循环跟体内心血管大循环是不一样的，眼睛自己组成一个小世界，自己有一个微循环。然而当角膜循环跑到大循环里，就会引发免疫反应，进而去攻击角膜。

魏博士的小叮咛

让狗狗吃对叶黄素，做好眼睛保养最重要！

我们都知道预防胜于治疗，等到疾病发生再补救，真的有点儿晚。所以最好的方式，就是在平日里就帮狗狗做好眼睛的养护，比如挑选适合它们的叶黄素营养品，就是一个不错的方式。

但是市面上的叶黄素种类及品牌那么多，到底该怎么挑才适合自己的狗狗呢？

第一，来源。同样都是叶黄素，但因为来源不同，直接影响到的就是狗狗的健康以及实际起到的保健功效。另外，游离型相对脂化型的叶黄素，分子更小且更易吸收。

第二，配方成分。比起单一成分，复合成分的叶黄素不仅能抗氧化，抗发炎，对保护眼睛、预防保健更有不错的效果。在临床实证上，我们也看到狗狗吃了一个月的叶黄素复合物后，眼睛明显变亮。

耳朵出现异常

除了眼睛以外，耳朵出现异常也是主人比较容易注意到的。当狗狗耳朵出现异味、异常脱毛、红肿出血、流出脓或血样分泌物时，请特别留意。

Q1 耳朵飘出异味
→ p.60

Q2 常常抓耳朵后方
→ p.62

Q3 耳朵红肿出血
→ p.64

耳朵流出脓样分泌物
→ p.67

Q5 听力好像变差了
→ p.69

耳朵飘出异味

| 可能原因 |

● 外耳炎

除了眼睛以外，耳朵出现异常也是比较容易发生的，一个就是耳朵突然之间变臭。耳朵变臭首先要怀疑是不是外耳炎。造成外耳炎的原因通常是过度清理使外耳发炎，另外的原因就是游泳时被体外寄生虫感染。

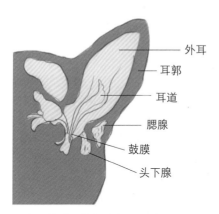

· 狗狗鼓膜以外部分都属于外耳道

外耳
耳郭
耳道
腮腺
鼓膜
头下腺

狗狗的耳道属于"く"型，一般都能看到耳道垂直部跟水平部的交叉处。耳道比较短的狗狗会先看到鼓膜，鼓膜以内才是中耳，鼓膜以外都是外耳道，有些则是外耳道很长，这与品种和体形大小有关。

人跟狗的耳朵里面都有一个耵聍腺，会分泌皮脂，当狗狗耳朵里面出现污垢，那就是因为皮脂的分泌，再加上灰尘造成的。如果住所距离马路较近，汽车所排放出来的尾气等也容易影响到狗狗的呼吸道、眼睛和耳道。

如果耳垢只出现在单耳，飘出异味，可能是因为过度清理。有些人会拿着棉花棒直接在狗狗耳道里面挖，其实这是一个很危险的动作，因为在挖的时候会刺激耵聍腺一直分泌耳垢，造成耳道一直是潮湿状态。耳道潮湿就会造成细菌感染，刺激免疫系统释放出组织胺，而组织胺会进一步造成皮肤发痒。

另外判断狗狗是不是外耳炎的方式，就是观察它会不会常常抓痒。因为耳道有异样时，狗狗的后肢一定会去抓耳朵，所以最容易分辨的方法就是观察它耳壳后面的毛，是不是常常会被抓掉，出现脱毛情况。如果看到这种现象，就有可能是外耳炎所引起的。不过，如果它抓痒的位置不固定，有可能是异位性皮肤炎。

因为品种不同，有些狗狗是竖耳，

检查项目与治疗方式

- 触诊耳朵的柔软度，是否变硬
- 用检耳镜观察耳道状况
- 先用清耳液清洁耳道，再用脱脂棉花吸出过多的清耳液或让狗狗自行甩出

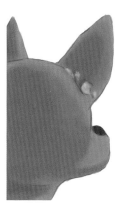

· 狗狗耳朵后方有脱毛状况，可能罹患外耳炎

有些狗狗是垂耳。垂耳的狗狗发生外耳炎的概率就会比竖耳狗狗发生的概率大。这是因为它里面的空气没办法对流，没办法干燥，所以如果是垂耳的狗狗，最好能用双手帮它把耳朵拉起来，每天要竖起来一段时间，让它的耳道能够通风，以此来预防与保健。

我们会开耳药。回家后，主人帮狗狗滴入耳药时，要先揉揉它耳道外的皮肤，然后让它自己甩头，把里面的脏东西甩出来。我曾经看过一个主人，在帮狗狗滴耳药时太靠里，结果把耳道弄出血了。

如果狗狗不会甩头，帮它滴入耳药后，一定要把耳药清出来，避免累积在耳朵里。送狗狗去洗澡前，要先在耳朵里塞入棉花球，避免水灌入耳道。方法就是把脱脂棉花揉成一团（不能太小），足以放在耳道出口即可。

李医师的小叮咛

帮狗狗清耳垢的正确方法

动物医院帮狗狗清耳壳、污垢时，会事先塞一块棉花，避免水直接跑到耳道里面，再用一些清水或生理盐水，先把比较干的耳垢软化，再使用棉花棒擦拭。擦拭方法为在某个地方轻轻地把耳垢挑出来，慢慢地清干净，不是把整支棉花棒伸到里面刷或挖，这样就不会造成狗狗耳朵受伤。

61

常常抓耳朵后方

可能原因

- **耳疥癣**
- **外耳炎**

变得超爱抓耳朵，可能是耳道发炎，例如耳疥癣或外耳炎。

狗狗罹患耳疥癣时，耳朵被耳疥虫感染。耳疥虫是一种会寄生在狗狗外耳道的寄生虫，虽然不会寄生在人体，但是如果人被耳疥虫咬到皮肤，会起红红的小疹子。如果狗狗被耳疥虫咬到并寄生，它的耳壳外缘会变厚，一旦变厚，就会想抓痒。此时狗狗常常抓耳朵后面，或者做出甩头的动作。

虽然耳疥癣无法直接用肉眼辨识，但可以用触摸的方式检查。一般来讲，狗狗的耳壳是很光滑的，如果在摸狗狗的耳壳时感到粗糙，有点儿刮手，那可能表明狗狗受到寄生虫（耳疥虫）的感染。

检查项目与治疗方式

- **检耳镜检查**
- **显微镜检查**

如果发生寄生虫感染，通过显微镜或检耳镜做进一步检查，耳道内视镜只能看到狗狗耳道内，有很多白色会爬动的小点，通过镜头则可以明显看到耳疥虫爬动的样子。

罹患耳疥癣的狗狗，建议使用滴剂来驱虫，一般是一个月滴一次。不过现在大家普遍不管是投药还是滴剂，每个月都会做一次外寄生虫的防治，所以比较少看到耳疥癣的病例了。

至于外耳炎，反而比以前多了。因为以前的狗狗大多饲养在外面，现

· 罹患耳疥癣的狗狗常用后肢搔抓耳朵

在狗狗多养在家里，主人很容易过度清洁。只要看到狗狗有一点儿不对劲，主人就会前往动物医院，因此病例数就会变得比较多一点。

外耳炎有时候跟甲状腺功能低下也有关系，说明狗狗身体的油脂调控功能不是很好，这也和耳朵内的耵聍腺有关。所以在诊断上，我们会做全面的考量。

外耳炎的治疗一般是开耳药，让主人回家后可以帮狗狗滴耳药，滴的方式具体可以参考后面的图解说明。

兽 医 的 看 诊 笔 记

可能平常主人很少有时间去观察，其实狗狗的有些动作是慢慢养成的，它的一些行为举止也会随着年龄而有所改变。例如它的身体机能跟年轻的时候不一样了，但很多主人对狗狗的印象，还是停留在狗狗还小、会活蹦乱跳的年龄，忘记了狗狗实际上已经十几岁了，早就过了活蹦乱跳的阶段。有的主人会因为狗狗不如以前好动就认为是生病了，会一直去跟兽医说是不是要给药，使它可以回到以前活蹦乱跳的样子。

可是，毕竟十几岁的狗狗，换算成人的年龄也接近 70 岁了，这个年龄还期望能去打篮球吗？狗狗活泼的年龄，大概在 7 岁之前，它能跟你玩的年龄大概也就只有 6 年的时间，到它七八岁以后，大概就不太想动了。

所以主人要有这个认知，狗狗在每个年龄阶段都有它相对应的生理状态，不能拿以前的来做比较，在饲养的过程中，生、老、病、死，一定会面临。我们要去学习，看它从一个小肉球慢慢长大，会跟主人玩，然后到最后躺在那边再也不动，其实也是人生的缩影。

Q3

耳朵红肿出血

| 可能原因 |

- 耳疥癣
- 掏耳朵时太用力或太深
- 滴耳药时间过长
- 耳朵内有肿瘤

如果耳朵出现红肿，一般多为"耳血肿"，就是耳朵中有出血的情形。

造成耳朵出血的原因很多，例如寄生虫感染造成的耳疥癣。耳疥癣会有耳朵皮肤发痒的情况。狗狗感觉很痒，就会去甩头，甩头的时候因为离心力的关系，造成耳壳内的微血管破裂、出血，血液堆积在耳朵皮肤和软骨之间，使耳朵上半部出现血肿块。

你用手去摸时，可以感觉到温温的，就表示那里还在出血；如果摸起来是冷的，表示血块已经凝固。

其他造成耳朵出血的原因，大部分和跟人过度亲密有关。例如主人不了解狗狗耳部的构造，在帮狗狗掏耳朵的过程中太过用力或者掏得太深入，就会引起耳朵出血。或者是滴耳药的时间过长，就会造成狗狗耳道的皮肤受伤、出血。

除了上述原因，如果耳朵里面有肿瘤，也会造成出血，因为里面的耵聍腺属于一种皮脂腺，有腺体就会有血管，肿瘤会造成微血管破裂出血。

· 就医前先帮狗狗戴头套，避免持续抓挠耳朵

除此之外，如果是整个耳朵的血肿发炎，可能是因为搔抓导致，也有可能是被其他的狗狗咬伤感染造成伤口肿起来。

检查项目与治疗方式

- 检耳镜检查
- 耳道是否有增生物或发炎

我们会通过耳道内镜，检查外耳道有没有伤口、发炎，或者异常的分泌物、异物、寄生虫等。在耳血肿的情况下，就是看哪一个地方出血，确认可能的原因和位置。

· 检耳镜是狗狗进行耳朵检查时最常见的工具

耳血肿的治疗有两种，第一种是积极治疗，就是动手术。把耳壳切开，清除血块以后再做缝合，让耳道能够形成，不会被血肿堵塞住。不过，因为耳朵本身的构造就是中间有个软骨，旁边就是皮肤和血管，所以手术治疗后，耳壳就会因组织增生而变得比较厚。

第二种治疗方法，就是抽血，也就是直接把血肿里面的液体抽出来，再把耳朵固定在后脑。固定是为了避免它再甩耳朵，否则会让血肿更严重。在做耳血肿治疗时，还要跟外耳炎、异位性皮肤炎一起治疗，否则搔痒没办法改善。

一般发生耳血肿，如果没有及时治疗，耳血肿会造成耳壳增厚、纤维化，甚至狗狗日后耳朵会整个皱缩起来，外观看起来会有点怪怪的。

耳朵如果出现问题，一般来讲可能不单纯是耳朵本身的问题，还可能是体外寄生虫、异位性皮肤炎以及其他的感染造成的，因此必须综合考量。

了解耳药的滴法，用错耳药后果严重

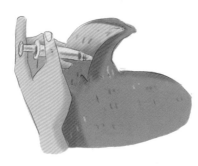

· 先了解狗狗耳朵的构造，看到耳道后，顺着走向滴入

· 充分揉耳根部位，就是头跟耳朵的交界处，在揉的过程中可以听到液体的声音

· 让狗狗甩甩耳朵，脏东西就会被整个甩出来

市售的清耳液以及治疗液有很多，建议先咨询专业兽医，然后再做选择。有些人会在网上买药，虽然会比较便宜，可是如果出了问题，会损伤狗狗耳道，甚至因为长期刺激，造成耳道增生，使整个耳道被堵塞住，检耳镜根本就进不去，耳朵里面的脏东西也出不来。这时候最终的解决方法就是把整个耳道摘除，不但狗狗痛苦，在听觉上也会变成好像中间隔了一层膜，使听力减退。所以还是尽量和兽医确认用药后再使用。

耳朵流出脓样分泌物

| 可能原因 |

- 耵聍腺增生
- 纤维素增生
- 癌症前兆
- 细菌感染

| 检查项目与治疗方式 |

- 耳朵内镜检查
- 耳道灌洗
- 抹片检查

当主人看到狗狗的耳朵有一些黄色的东西流出来，或者狗狗边抓边从耳朵甩出鼻涕或芝士般的团块，也就是脓样分泌物时，要赶快将其送到动物医院。

医院一般会先做耳朵内镜检查，然后确认狗狗的病史，这个状况发生时间多久，有没有吃过什么药等。除此之外，从耳道挖出来的东西会先做抹片，看看里面到底是什么，或做细菌培养。

如果发炎很严重，要先麻醉再做耳道灌洗，把里面洗干净，有时要洗不止一次，看它耳朵发炎的程度如何来决定。灌洗完之后，再用五官的内镜去看里面的状态，如果在检查的过程当中，看到什么不好的东西，可以裁切样本检查，有可能是纤维素增生、耵聍腺增生，或癌症。

另外，也有可能是细菌所引起的，那就要看属于哪一类的细菌。因为细菌分为两类，一类是革兰氏阴性菌，另一类是革兰氏阳性菌。阴性菌一般以大肠埃希菌为代表；阳性菌以葡萄球菌、链球菌为代表，这些都是常在菌，也就是一般会存在我们身体里面的。虽然这些菌是常在菌，可是一旦感染过多，或对某些东西产生抗药性，就会引起发炎，所以还是需要使用一些抗生素，治疗上就是局部用药。

用来治疗耳道、眼睛的药物，一般来说口服药的效果会比较差。因为通过血液循环来治疗局部区域会比较慢，所以会以直接的局部用药为主，口服药为辅。口服药还是必需的，因为它对于减缓疼痛或止痒，以及败血症来说，有辅助效果。

|出现血样分泌物的可能原因|

- 外伤引起
- 微血管破裂
- 肿瘤破裂

如果是血样分泌物，要先看看是不是有外伤，或者说有什么地方破裂。比起流脓汁，出血的状况更麻烦，因为可能里面有东西爆开，或者产生不好的东西，才会一直在流血。

|出现血样分泌物的检查项目与治疗方式|

有可能是肿瘤，先征询兽医的意见，必要时兽医会建议进行耳道检查或断层扫描。

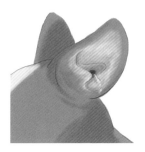

李医师的小叮咛

狗狗耳朵日常保养这样做

最好的预防，就是要在疾病发生之前做好耳朵的保养，平常不要让耳朵里面太潮湿，例如帮狗狗洗澡的时候，给耳朵塞入棉花，避免水流入。

· 固定时间用清耳液清洁，平时也要避免让水进入耳道

听力好像变差了

| 可能原因 |

- 遗传疾病
- 听力发育问题
- 药物影响
- 听神经自然衰退

| 检查项目与治疗方式 |

- 脑部听神经检查
- 耳朵内镜检查

怎么知道狗狗的听力变差？当主人发现叫狗狗没有回应，或者必须站在它前面，它才会跟你互动时，那就表示它的听力在变差，耳道里面可能出了问题。这时要带它到动物医院，让医生来做检测，看看需要做哪些检查，是不是需要药物治疗。

如果是在小狗时期，首先是检查脑部的听神经，看看里面有没有产生阻塞。听神经属于脑神经的一部分，年轻的狗狗，如果有遗传性的疾病，可能会造成听神经有早期的萎缩。其次就是它本身听力发育没有那么好。其次的检查就是用检耳镜，看它的耳道有没有增生。另外，有些药物中的氯霉素会影响到听神经。

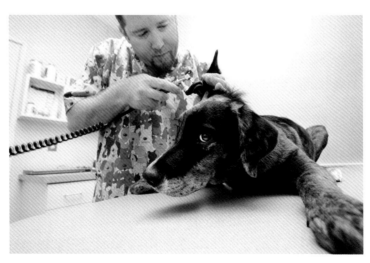

· 对狗狗进行耳镜检查

如果是年龄比较大的狗狗，它的听神经整个在退化。因为这是一种自然的衰退，用药物治疗的效果还是有限，只能维持，看看是不是能够缓解。可以采用一些营养疗法，例如提供高含量的 B 族维生素来调控神经，或补充一些抗氧化物，例如维生素 C、维生素 E。

神经退化的狗狗适合补充的营养与食材	
B 族维生素	鱼类、蛋黄、肝脏、海藻
维生素 C	芭乐、圣女番茄、橙子、木瓜、西瓜、凤梨、草莓、奇异果

兽医的看诊笔记

谈到 B 族维生素，需要补充说明一下。为什么现在狗狗的保养品会那么多呢？第一，就是因为现在狗狗已经跟人一样，都慢慢走向老龄化、高龄化，所以会依赖保健食品。至于它们到底需不需要，这就涉及营养学，比如狗狗在成长过程中给它补充过多的钙质，反而会造成骨骼上的不平衡，造成副甲状腺素产生异常。所以，每个年龄都有每个年龄的营养需求。

第二，为什么现在会提倡要多补充营养素？因为我们多在家养宠物，它们没有什么运动量，食物来源也只有狗粮而已，久了以后就会有一些营养上的失衡。所以现在有很多不同的声音，有的说要吃生食，有的说要自己煮，每一家的处方又不一样，而且每只狗对食物的喜好可能都不太一样。

但是最重要的是，在补充营养品的同时，主人要对狗狗做整体的观察，不要只针对单一疾病或单一症状去补充营养素。不论是营养品还是药物，我都建议咨询宠物医生后再使用。

鼻子出现异常

打喷嚏，流鼻涕，都是狗狗身体上的自我防卫表现，表示鼻子里有不好的东西，身体在想办法排出。当狗狗鼻子出现哪些异常时，主人就要特别注意呢？

Q1 流鼻涕，喷嚏打不停，鼻塞→p.72

Q2 一直流鼻水 → p.75

Q3 鼻尖干燥，皲裂 → p.76

鼻子发出恶臭，喷出乳酪样液体→p.78

Q5 鼻子流出的液体带有血丝 → p.81

流鼻涕，喷嚏打不停，鼻塞

Q1

| 可能原因 |

- 过敏性鼻炎
- 水蛭入侵
- 癌症
- 鼻黏膜水肿
- 分泌物堵塞鼻道

| 检查项目与治疗方式 |

- 超声检查
- 鼻腔内镜检查
- 细针穿刺细胞检测
- 血液检查
- X线检查

狗狗鼻子里有个鼻甲软骨，当空气吸进去时，它会润湿吸进去的空气，也把不好的东西过滤掉。在这个过程中，如果刺激到鼻上黏膜，就会打喷嚏。所以有时候冷空气会造成局部的血管收缩，就会打喷嚏，也会有一些分泌物跑出来，就是透明的黏性鼻涕。

狗狗鼻子上的问题，一般最常见的就是打喷嚏、流鼻涕，只要看到这些现象，就是身体上的一个自我防卫，就表示鼻子里有不好的东西，身体想办法要把它排出来。

如果是流鼻涕，鼻涕分为很多种，一种是清澈的，还有绿色的、黄色的，甚至红色的，只要是流出有颜色的鼻涕，都不是一个好现象。正常来讲，如果它是清澈的，我们可以把它归类为过敏性鼻炎，比如天气比较冷的时候没有注意到，就会开始流鼻水，通常也会伴随打喷嚏。

此外，在检查的时候，会看狗狗是否伴随着咳嗽，是否有上呼吸道感染。

如果喷嚏打不停，医师在问诊时，可能会询问最近有没有去露营，或者到乡间的溪水边玩耍。在做临床检查时，会看有没有水蛭感染，因为有时在河边喝水时，水蛭会趁机钻入，狗狗就会一直打喷嚏，甚至伴随着流血的情况。

· 到河边游玩的狗狗，容易感染水蛭而出现带血的鼻涕

上呼吸道的感染，除了 X 线检查之外，甚至有的要做鼻腔内镜，看一下里面到底是不是有长不好的东西，是否有增生物或肿瘤，例如鳞状上皮细胞癌。如果在鼻腔外面能够看得到一些颗粒，就要做细针穿刺，看里面的细胞形态。

如果细胞形态看起来是肿瘤，建议做细胞切除。因为到目前为止，肿瘤最好的治疗方法还是切除，之后再做化疗或放疗。如果是做放疗，一般来说它的复发概率还是很大。

发现肿瘤之后的药物化疗，会造成狗狗本身免疫力下降，所以这时候就要注意不能感冒。在化疗前，都会先做一个血常规，看看白细胞是否正常。如果白细胞过低，化疗就不能做，因为基本的防御力没有了，身体容易被细菌或病毒入侵，有可能造成二次感染。

最后，出现鼻塞的情况，一般来讲都是鼻黏膜的水肿，或是被里面的分泌物塞住，造成鼻道不通。如果平常看到狗狗要张口才能呼吸，或者呼吸时有异音，呼吸不顺畅，出现阻塞，同时伴随着打喷嚏，就是希望把脏东西给喷出来。鼻塞所造成的呼吸困难，不只狗狗会大力吸气，也容易产生呕吐的情况，来看诊照 X 线时，胃部的空气会比较多。

· 当狗狗因鼻塞而呼吸困难时，也可能出现呕吐的情况

另外，有时候动物年纪太小，就需要比较长的治疗时间。

例如一个月大、留着鼻水的狗狗，因为它的肝脏跟肾脏都还没有发育完全，对一些药物的代谢会有问题。如果使用抗生素治疗，可能会造成肝脏损伤，所以只能通过食物来代替药物。比如给它一些 B 族维生素、赖氨酸，让它的免疫力能够慢慢提升，如果没办法给药物，只能从食物保健入手。

· 出生六周以内的幼犬，因为代谢药物的身体机能尚不完全，需用食物或营养补充品取代药物治疗

李医师的小叮咛

留意家中空气品质，狗狗症状出现时间

如果狗狗有经常打喷嚏、流鼻涕的情况，在问诊的过程中，医生都会问的是：打喷嚏都是在什么时间？持续了多久？喷出来的东西有没有异物？

以时间点来说，早上、中午、晚上都不一样。早上可能是因为空气温度变化所造成，中午、下午打喷嚏，可能是吃到了什么不适合它的食物，如果是出去外面玩回来之后打喷嚏，那就是在外面受到异物刺激。

晚上温度下降时也可能出现打喷嚏的情况，另外要考虑家中是否有人抽烟，或者空气污染问题，例如马路上汽车尾气，或者最近住处附近有没有放鞭炮等。这些对问诊来说都是很重要的，只有这样，才能判断是不是因外在环境引起的暂时性症状。如果是持续性的，持续的时间多久？从什么时候开始的？有没有去外面，这些主人都要去留意。

一直流鼻水

| 可能原因 |

- 过敏性鼻炎
- 肺部出水
- 心肺功能问题

| 检查项目与治疗方式 |

- X 线检查

流鼻水的情况，一般来讲都是由过敏性鼻炎引起的。鼻腔受到刺激，鼻水慢慢流下来。

此外，可能是肺部出水，肺部的水太多从鼻子跑出来。听胸腔的"心音"时，如果听到一些肺泡音，可能表示它的肺部有积水，原因通常是在打点滴时过多的水进入肺部。

流鼻水的原因，一是过敏性的，一是狗狗住院时可能医院输液过多，就会有水样液体从它的鼻子流出来。

另外，正常来说，狗狗黑黑的鼻头是湿的，偶尔会有一些液体流出来。如果伴随着打喷嚏、咳嗽，或者呼吸时会喘，就要带它到动物医院做一下

检查，确认是不是有心肺功能上的问题，这时就要照 X 线。

所以当主人发现有这种状况时，要告知医生，发生的时间有多久，什么时间最常发生。还有就是饮食情况，最近吃的是什么狗粮。

如果狗狗的鼻头受伤，它就会不断去舔。有时候冬天到了，为了给它喝温水，结果造成鼻头烫伤。因为狗狗鼻头的皮肤很敏感，上面会有些小毛与细胞，用于监测外面的环境，一旦烫伤，会影响嗅觉。

鼻尖干燥，皲裂

| 可能原因 |

- **犬瘟热等传染病**
- **寄生虫感染**

| 检查项目与治疗方式 |

- **PCR 检查**
- **血液检查**

狗狗鼻尖如果出现干燥或皲裂，就要去看是不是传染病所致，比如像犬瘟热这种传染病，如果是打过预防针的狗狗，通常不用担心。但万一没有打过预防针的话，就要特别注意。

我的门诊曾经发生过一个病例，就是狗狗的鼻头是干的，可是它没有任何其他症状。一般来说狗狗鼻头干，常伴有发热症状，身体温度上升导致湿润的鼻头越来越干，但是那个案例狗狗没有发烧，就这样持续了半年。后来狗狗发病了，整个身体抽搐，结果是犬瘟热。虽然是十几年前的一个病例，但我的记忆很深，就是因为当时只看到它的鼻头很干，然后有一点裂，可是没有任何临床症状，体温看起来也还可以，但半年后它就发病了。

正常的狗狗，它本身的鼻头应该是稍微湿湿的，如果发现它的鼻头有点干，就要带它到动物医院做一些筛检，检查一下是不是隐藏着什么疾病。

除了犬瘟热之外，鼻头干也可能是寄生虫感染引起的。有些主人会定期投药驱虫，有些则不会。在此要提醒大家，狗狗毕竟跟人不一样，因为人回到家，自己就会检查一下身体，但狗狗一旦跑出去，回家只会窝在那边睡觉。所以狗狗很容易把一些寄生虫带回家，从户外回来以后，仔细检查，可能就会发现壁虱在它身上到处爬。壁虱是血液寄生虫的传染媒介，如果被壁虱叮咬，不仅会使狗狗不舒服，还会感染经由壁虱传染的人畜共患疾病。

如果主人有在狗狗身上看到吸满血液的母壁虱，千万不要把它挤爆，因为它的体内有卵，母壁虱一次可以排卵 3000 颗左右。把壁虱从狗狗身上抓出来之后，要用卫生纸包起来烧掉，千万不要直接冲马桶，因为冲到马桶它也不会死。

除了传染病这个原因之外，就像我们有时候会舔嘴唇，当狗狗鼻头干燥时，它也会自己去舔，造成皲裂。

· 发现壁虱时，最好用卫生纸包起后烧掉

当鼻头出现干燥或皲裂，甚至有痂皮的产生，就需要检查一下是不是有皮肤上的病变。皮肤病变一般来说跟自体免疫有关，所以我都会建议做一下自体免疫检查。如果是自体免疫问题，

治疗上是以四环素（一种治疗细菌感染的抗生素）和类固醇为主，另外也会使用免疫抑制剂，来降低狗狗体内的免疫反应。

李医师的小叮咛

帮助它快快痊愈的方法

狗狗鼻头干燥的问题，在治疗上有一定难度。保养药剂一涂到狗狗鼻头上，它就会马上舔掉。如果要涂的话，可以涂一些狗狗可以食用的产品，来促进它的伤口愈合，例如芦荟，或是说加入二型胶原蛋白的乳木果，它本身也能够抗发炎。不过最好还是能帮狗狗做日常的保养。

77

鼻子发出恶臭，喷出乳酪样液体

| 可能原因 |

- 细菌感染
- 霉菌感染
- 鼻腔肿瘤（接触型菜花）

| 检查项目与治疗方式 |

- 断层扫描
- 分泌物采样检查

如果鼻腔出现恶臭，有腐烂的味道，还流出乳酪样液体，表示鼻腔里面发炎，应尽早检查，尽早进行治疗。

此时有可能是细菌感染导致的鼻炎，或者是受到霉菌感染。这时就要查看是不是鼻子发炎、异物感染或者鼻腔肿瘤等，可以通过断层扫描来确认。

如果是细菌性鼻炎，表面会形成肉芽组织，会从鼻腔喷出乳酪样液体。它其实是细菌形成的团块，里面有很多东西，包含细菌、脱落的组织等，必须进行采样，再进一步做针对性的治疗。

如果是细菌感染，例如霉菌感染，可用抗霉菌药物治疗，因为霉菌不能用抗生素治疗。需要针对里面的分泌物检查后，给予适当的抗生素。后续还会进行药敏试验，它可以协助医生评估各种抗生素对这种霉菌的疗效，再进一步选用合适的抗生素药物。药敏试验包括使用贴片、做显微镜检查、细菌培养等，让我们有更多的辅助证据来帮助诊断，这样对治疗会更有帮助。

如果主人看到鼻腔的地方有肿胀，就表示肿瘤体积已经很大。这种现象以前叫作接触型的菜花，属于圆形细胞瘤，可分为良性和恶性，容易

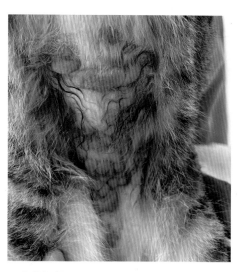

· 肉芽组织

发生在发情期。因为狗狗会互相去闻，所以也会在鼻腔发现，当出现这种鼻腔肿胀的现象时，通常是肿瘤的概率比较大。

经 X 线、细胞检验后，才开始对肿瘤进行治疗。鼻腔内细胞可借由鼻道灌洗来取得。不过洗鼻腔时，因为水会跟着流到呼吸道，所以一定要插管，让水进去后能够再回冲，而不是直接冲下去。另外，洗鼻腔要先麻醉。不同于人类，狗狗是要麻醉后再用灭菌的生理盐水做清洗。

在肿瘤的后续治疗上，一般都需要 4 个疗程，每次治疗前都要做血常规，在打第二针之前，要检查白细胞的值。如果白细胞的值低于正常值，就不能再打针了，表示它的免疫力已经下降，很容易造成二次感染。

兽 医 的 看 诊 笔 记

刚开始有些主人可能会质疑为什么检查那么贵？这是因为医生希望能更完整地掌握整个病症、狗狗身体的状况，所以需要更多的辅助证据。身为一名医生，绝对不会希望自己诊断病情通过猜测的方式，有时需要进一步检查，看数据，也只是怀疑可能是什么疾病，会先尝试治疗看看，不行再换另外一种治疗方式。所以如果能有更多的辅助证据来帮助确诊，对治疗会更有帮助。

检查的费用很贵，这是许多主人的心声，不过那是为了能够在疾病诊断上更加精准，也是必需的。希望主人了解这一点，并不是说动物医院只想赚钱，因为如果没有全面诊断，以后会花更多的钱来补救。

一般在做手术前，医生通常都会先进行估价，主人也可以多咨询几家动物医院，一般绝大多数都会按照一定的标准来收费，不会有太大出入。

提供狗狗的分泌物照片，有助兽医了解病情

· 主人可以先收集分泌物或拍照，方便医生诊断

⊙ 就医前这样做

鼻腔有乳酪样液体流出时，通常都是慢性感染。建议主人带狗狗来看诊之前，可以先确认以下事项：症状大概发生多久了，狗狗最近有没有和其他狗狗接触。另外，可以将流出的乳酪样液体用卫生纸擦拭后收集起来，或直接用拍照方式记录，就诊时一并给医师看。此外，也提醒一下狗主人，毕竟有些疾病是人畜共患的，处理完狗狗的分泌物后，一定要把双手洗干净，用酒精消毒，以免自己感染。

鼻子流出的液体带有血丝

| 可能原因 |

- 水蛭寄生
- 肿瘤
- 自体免疫问题
- 其他不明原因

| 检查项目与治疗方式 |

- 细胞采样检查

如果发现流出来的液体有血丝，要尽快就医。检查里面是不是有肿瘤或水蛭，有水蛭通常是带狗狗到野外活动时，水蛭跑进鼻腔了。

如果是肿瘤，一定做细胞采样，来判断它是属于菜花，还是属于上皮的细胞瘤。针对不同肿瘤，应对方法不太一样。

如果是肿瘤，刚开始狗狗鼻子会流出水样的液体，会打喷嚏，等到后面，慢慢会脸部突出一块。当发现往上突出时，就表示骨头已经被侵蚀，这时喷出来就不仅是血丝，还会伴随类似小肉块的东西。所以出现血丝，表示里面有一些东西已开始破裂。

另一个比较少见的情况是流鼻血。如果是狗狗流鼻血，一般都是鼻黏膜的血管通透性增强所造成的，可以直接在鼻腔打入微血管收缩剂，让它的血管收缩，不过效果有限。如果鼻血一直流不停，表示血管有局部破裂，这时候就要赶快止血，将颈动脉扎起来做止血处理，再做后续治疗。这时也要检查血小板的数量是不是正常，如果是自体免疫性的血小板凝集不全，就会造成用力打喷嚏时流血的情况。

当有水蛭感染时，偶尔在鼻孔可以看到黑色长条虫体出现，可用水加上灯光引诱出虫体。如果引发原因是肿瘤，则需要手术或化疗。

| 犬肿瘤小知识 |

哪种狗狗较易患肿瘤	不分品种，7岁以上，进入中老年的狗狗是肿瘤好发族群，因为身体清除自由基的能力下降，细胞较容易因内在、外在因素突变
常见肿瘤类别	淋巴瘤、肥大细胞瘤、乳腺瘤、黑色素瘤、脂肪瘤
常见症状	· 身体有不正常肿块且越来越大 · 食欲下降，体重变轻 · 常呕吐 · 排便、排尿习惯改变 · 伤口溃疡久久不愈 · 跛行，关节僵硬 · 身上任何开口出现血样分泌物，例如口、鼻
癌症狗狗的饮食	调整食物中的营养成分比例为： 在癌症狗狗一天摄取的营养中，蛋白质含量应占30%~35%，脂肪含量应占25%~40%。因为肿瘤细胞主要的养分来源是葡萄糖，也就是分解后的碳水化合物，所以狗狗摄取的碳水化合物量要降低至25%以下。除此之外，如果狗狗因为身体不舒服而1~2天没有进食、喝水，要将狗狗送至医院打点滴以补充营养

兽医的看诊笔记

　　我曾经诊治过一只狗狗，它会一直不明原因地流鼻血，可是过一段时间就好了，但之后过了一段时间又开始流。这只狗狗在住院的过程中，我曾经试着用含钙的喷雾剂来增强它的凝血，但是喷入之后第二天又开始流鼻血，用内镜进去看，表面也都很平滑，没有看到任何的东西，用任何药物都没有用，找不到原因。最后，只好把颈动脉的左右分支扎起来，直到鼻子不再流血，才让它出院。所以流鼻血有很多种可能，也可能找不到具体原因。

嘴巴出现异常

嘴巴的问题涉及口水、吞咽、疼痛、口臭和牙齿等。

 出现口臭
→ p.84

 嘴巴稍微碰到就会痛
→ p.87

 流很多口水
→ p.89

牙龈发红肿大，流血
→ p.90

 出现吞咽困难
→ p.91

Q6 喉头发出异常声音
→ p.92

Q7 持续呕吐
→ p.93

第3章 狗狗五官等出现异常，是健康出现问题的信号

83

出现口臭

| 可能原因 |

- 胃部食物未消化完全
- 牙结石
- 牙齿瘘管

| 检查项目与治疗方式 |

- 口腔检查
- 颜面外观检查

· 狗狗的口臭原因九成以上来自牙齿

狗狗如果出现口臭，来源有两个，一个是口腔，另一个是胃部。

如果胃里面东西没有消化完全，一打嗝，味道就会从里面跑出来。如果能够在口腔把它消除掉，味道就会减少很多。

如果是从口腔里面出来的气味，大多是因为有牙结石。有牙结石的狗狗，嘴巴里的味道其实就跟臭水沟没两样。

为什么会有牙结石？最主要的原因是狗狗在吃饭时，唾液分泌量减少，没有办法好好咀嚼。我们人类会咀嚼几十下再吞下去，让唾液跟食物能够充分混合。可是对狗狗来说，吃东西几乎都是用吞的，所以唾液分泌量很少，这就

会让牙齿里的细菌有增生的机会。一开始会形成牙菌斑，接着里面的一些结晶物或结石物等菌块就会开始慢慢累积，就跟蚌壳在养珍珠一样，慢慢一层一层形成，最后就变成了牙结石。

一旦形成牙结石，就会挤压齿龈，造成齿龈疼痛，这时候狗狗就会变得不爱吃东西，或不敢咬硬的东西，如果狗狗出现上述症状，加上口臭的情况，应及时带狗狗去洗牙。

如果持续恶化

如果情况持续恶化，细菌就会顺着牙根进入，使牙齿产生孔洞，形成瘘管，最终就要拔牙了。

一般有90%以上的口臭问题都源于牙齿，洗牙之后，它的味道大部分

都能消除。不过，如果洗牙后味道还在，就要考虑是不是鼻腔或牙齿的地方形成瘘管。以上情况在做断层扫描时，都可以看得很清楚。

牙齿如果形成瘘管，另外一个临床症状是打喷嚏，而且伴随喷嚏喷出的不是脓汁，而是饭粒或食物的渣滓。出现这种现象，就表示它的口腔跟鼻腔是相通的。但正常来讲，鼻腔跟口腔不会相通，如果相通，就要把牙齿拔掉再做缝补，把洞补起来。

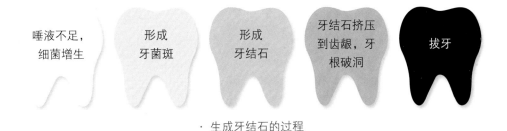

| 唾液不足，细菌增生 | 形成牙菌斑 | 形成牙结石 | 牙结石挤压到齿龈，牙根破洞 | 拔牙 |

· 生成牙结石的过程

李医师的小叮咛

多咬洁牙骨促进唾液分泌

⊙ 让它快速痊愈的方法

已经有牙结石，而且齿龈开始萎缩的狗狗，通常是以超声波洗牙。不管选择哪一种洗牙方式，都会破坏到牙齿的珐琅质，有些主人可能会选择做抛光，可是我认为最好的方法，还是平常吃完饭后，不管有没有刷牙，一定要让它多喝水。定时给它吃洁牙骨，让它能够多多分泌唾液，这就是最好的预防牙结石的方法。

除此之外，狗狗洗完牙后，可以选择一些宠物专用洁牙粉，它里面含有天然褐藻，就能消除口臭，降低牙菌斑以及牙结石形成的概率。

　　虽然以前的狗狗很少洗牙，可是它们的牙齿都很漂亮，那是因为它们大多散养，只要有一根骨头，就可以安静地坐在那边啃一下午。现在的狗狗啃洁牙骨，是当成玩具使用，而且大部分都是吃狗粮，成分几乎都是淀粉。加上不会剔牙，所以就会慢慢地累积，引起细菌滋生，产生牙结石，把牙齿整个包起来，里面就会很臭，有时候还会流血，咬合时牙齿还会产生松动，甚至脱落。

· 一般狗粮容易卡在牙缝，滋生细菌，让狗狗饭后多喝水能有效预防
　牙结石

嘴巴稍微碰到就会痛

| 可能原因 |

- 外伤造成
- 口腔受到感染
- 咬合不正
- 颜面神经受损
- 甲状腺功能低下

| 检查项目与治疗方式 |

- 外观视诊
- 神经检查

口腔内有一些伤口或感染，嘴巴外面有外伤，这些都会造成它嘴巴的疼痛。例如吃东西时食物卡在嘴皮里面或牙龈里，不让人去碰。以前看过一个病例，狗狗不小心将烤肉牙签卡入口中，卡住之后它就会一直流口水，嘴巴合不起来。所以当发现狗狗嘴巴稍微碰到就会疼痛时，要尽快就医。

咬合不正或下巴脱臼也是原因之一。下巴脱臼时，除了疼痛外，嘴巴会打不开，造成的原因有时是外伤，有时是骨折。如果是正常的咬合状态，嘴巴会整个闭合，如果没办法闭合，就表示里面有异物或受伤，因此造成嘴巴的疼痛。

如果狗狗的嘴皮有下垂，肯定是颜面神经受损，有时会伴随歪头，这可能是甲状腺功能低下所造成的。

无论是外伤或神经、内分泌问题造成的嘴巴疼痛，治疗时都会先帮狗狗注射镇静剂，甚至要打麻醉后，才能做口腔检查。因为对于狗狗来讲，嘴巴是它的一个武器，所以在看诊的过程中，为了预防医护人员、主人被咬，都会先做麻醉，再进行嘴巴的检查，这是看诊时的必要处置。

狗狗嘴巴异常的主要表现

· 口臭

· 口水过多

· 嘴皮下垂

关于甲状腺功能低下

甲状腺的位置	甲状腺位于狗狗颈部的气管两侧，左右各一，会分泌甲状腺素，掌管狗狗身体的新陈代谢。而甲状腺低下就是指甲状腺素分泌不足
好发的犬种	好发于2~6岁的大型犬。在品种方面，黄金猎犬、杜宾犬、迷你雪纳瑞、腊肠犬较容易出现此疾病
症状	嗜睡，因代谢变差而发胖，不爱动，四肢冰冷
治疗	一般通过口服药物治疗，搭配定期回诊追踪

李医师的小叮咛

有时给予狗狗镇静或麻醉是必要措施

⊙ 让它快速痊愈的方法

开始看诊的时候，我们会先观察狗狗的症状。如果需要使用镇静剂或麻醉剂，医生也会事先跟主人讲清楚，后续需要做的动作是什么。

虽然任何麻醉都会有风险，但狗狗已经不舒服了，如果硬要去做检查，会造成狗狗的本能抗拒。抗拒时就会挣扎、乱跳乱咬，完全不配合。这时候，会注射轻微的镇静剂，如果狗狗还是感到疼痛，建议直接麻醉。检查过程中如果有牙结石可以顺便洗牙，全程只要麻醉一次。

· 当狗狗疼痛时，进行麻醉后在看诊是比较安全的做法

流很多口水

| 可能原因 |

- 口腔发炎
- 神经问题
- 口腔闭合不完全
- 手术后
- 中毒

| 检查项目与治疗方式 |

- 口腔检查
- 咬合检查
- 颜面对称检查

口水有过多还有过少的问题。口水太少容易形成口腔的疾病，例如牙结石。口水太多，即流涎过度，流出来的口水要看它的状态是属于哪一种，是黏稠的还是清澈的。

如果是黏稠的，表示它的口腔发炎或已经被细菌感染。

口水比较清澈的，大多属于神经症状，也就是神经方面出现异常。此时的狗狗多神情呆滞地站在原地，然后流着丝状的口水，它没有办法调控唾液，导致口水一直流出来。或者虽然它有意识，但是嘴巴没办法闭合，口水无法往后吞，进而会一直流出来。

除此之外，手术后，还有中毒时，也会有流涎过度的情况。

以前在手术时，我们为了预防流涎过度而造成气道阻塞，会通过打针让它的唾液减少。不过现在多用插管代替打针。因为打针会让狗狗的心率变得比较快。

如果狗狗中毒，例如有机磷的中毒也会造成过度流涎。有些药剂中所含的有机磷会引起急性中毒或神经病变，造成大量流涎现象，甚至呼吸困难、瞳孔缩小、抽筋。有些杀虫剂中也包含有机磷，如果狗狗误舔，就会引发中毒，需特别注意。

一般来说，家犬中毒的情况比较少见，反而是在外面散养的狗狗发病的概率更大。另外，如果是食物中毒，通常都是呕吐或者拉肚子，甚至出现干呕，症状与中毒有差别。如果主人发现狗狗眼神已经开始呆滞了，或者呆呆地站在那里流口水，或者最近有误吃到一些洗剂，就要赶快就医。就医前，回想一下狗狗最近吃了什么，发生时间有多久，看诊时一定要跟医生讲，避免误诊。

· 狗狗口水过多属于异常现象

牙龈发红肿大，流血

| 可能原因 |

- 细菌感染
- 肿瘤

| 检查项目与治疗方式 |

- 视诊
- 切片显微镜

所谓的牙龈，就是跟牙齿交界的地方。如果牙龈发炎，它就会变红。当主人注意到狗狗的牙龈开始变红色的时候，就要赶快就医，不要再去刷牙。因为这时候它的牙龈一碰到会痛，如果再去刷牙，它越疼痛，就会越抗拒。

如果牙龈出现肿胀，牙龈里面藏了一个小脓包、小水疱，一挤压就会有东西跑出来，那就表示那个地方已经开始有细菌感染。此时，我们会去区分这种情况是牙龈受到感染的肿胀，还是里面长了不好的东西所造成的肿胀，例如纤维素瘤、上皮细胞瘤，或者黑色素细胞瘤。

主人有时候在帮狗狗洗牙时，可以看到牙龈突然突起一块，经过检查，竟意外发现肿瘤。

如果是肿瘤，一般来讲，都是用电烧的方式烧掉。如果是恶性肿瘤，因牵扯的范围比较大，要切除部分的牙齿，切除之后，把肉缝起来。因为少一块肉，后续可能会有后遗症，比如说舌头可能会掉出来。狗狗吃东西是靠舌头将食物卷进去。手术后舌头把食物卷进去以后，可能还是会掉出来，所以我们为了预防这种情况发生，就会把嘴皮缝小一点，让它的舌头能够顺利把食物卷进去。另外一些后遗症就是它嘴巴没办法打开到跟以前一样大，也没办法打哈欠，食物完全只能用吞的，也只能吃比较软的东西，会蛮可怜的。平常刷牙的时候，如果说刷牙的姿势不良，也会造成狗狗牙龈上的伤害，虽然可能狗狗的愈合能力很快，但我们说组织在持续受伤的时候，不断增生、受伤、增生、受伤、增生，到最后会让细胞原本的性质改变，产生癌化的前兆，形成肿瘤，就比较不好。所以狗狗牙龈肿胀的时候，不要去过度地刺激，就像是我们在吃槟榔，槟榔常常会刺激我们的牙龈的部分，刺激久了以后，那个地方就会开始形成一些肉芽组织，那就是癌症的前兆。

· 狗狗的牙龈长出黑色素细胞瘤

出现吞咽困难

| 可能原因 |

- 喉头偏瘫或全瘫
- 喉头狭窄或有肿瘤
- 瘘管
- 喉头水肿
- 反射神经受损
- 异物阻塞

| 检查项目与治疗方式 |

- 刺激喉头是否有吞咽困难

吞咽困难有几个原因，一是狗狗有喉头的偏瘫或者全瘫的情况，使它没办法吞咽。

二是喉头狭窄或有肿瘤的情况。此时不只吞咽困难，还会造成呼吸上的异常。如果是肿瘤，治疗方式是切除治疗。如果能够切除的话，要先装胃管，保证狗狗的营养，再看看它的呼吸是否顺畅，如果呼吸不顺畅，还需要做气切。

三是瘘管的情况。判断标准是它吃完饭后，会不会有食物的残渣从鼻腔喷出来。

四是喉头水肿的情况。比如说法国斗牛犬因为软腭过长，进行切除手术之后，可能会造成喉头水肿，吞咽困难。

五是反射神经受损的情况。原本食物进入喉头，会出现像推拉式的一个自主反射，但狗狗没办法自主吞下去时，食物会全部卡在喉头，所以也有可能是反射神经的受损。

六是异物阻塞的情况。如果是喉头偏瘫，有可能是神经受损，治疗的方式是进行手术。而喉头狭窄有可能是喉头受伤，会由内科治疗。如果是肿瘤，通常引发的原因不明，多以手术切除。瘘管则多半是因为尖锐物穿刺，所以会通过内镜检查来移除异物。若喉头出现水肿，大多因为过敏或受伤，在治疗上，由内科进行治疗。

喉头发出异常声音

| 可能原因 |

- 术后喉头水肿
- 单纯水肿，如食物过敏引起
- 喉部肿瘤
- 软腭过长
- 喉头偏瘫、喉头麻痹

| 检查项目与治疗方式 |

- 触诊
- X 线检查
- 内镜检查

如果狗狗喉头发出异常声音，例如像猪叫的声音，这跟牙齿没有关系，一般来讲都是喉头狭窄造成的。狭窄的原因就很多了，如手术后喉头水肿，就会造成喉头狭窄；如果是非手术原因的单纯水肿，就是喉头里面发炎。可能是狗狗吃了什么造成过敏、发炎、肿胀，肿胀以后，呼吸就会异常。

另外，喉头水肿也可能是长了肿瘤，造成喉头阻塞，再进一步影响狗狗发声。就像风吹过去，如果没有受阻，应该是没有什么声音的，可是如果是高低不平的地方，风吹过去就会出现咻咻的声音。当气道正常，有气流通过，是没有声音的，但是当中间出现障碍物的时候，就会出现异常声音。

还有一个喉头狭窄的原因，比如说软腭过长，就可以做手术切除一部分的软腭；然后就是喉头偏瘫、喉头麻痹的问题，也要用手术治疗，表示这个地方的神经可能受损了，就会影响到它的声门，产生异音。

一般来讲，如果有呼吸异常，在吞咽上也会产生问题。如果肿胀是过敏反应，那吃药就 OK，如果不是一个过敏反应，例如是一个肿瘤，就要想办法看肿瘤长在哪里，可不可以切除，有些地方不能切。不像人类的喉头比较大，所以可以用比较精细的工具去切，如果狗狗长肿瘤的地方不能切除，只能帮它装胃管或其他的导管，再观察它吃东西的状况。

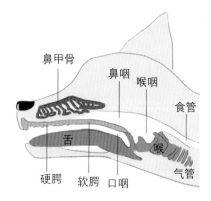

· 狗狗喉部结构图

持续呕吐

| 可能原因 |

- 饮食过量

- 吃到无法消化或咀嚼的食物

- 过度饥饿

- 吃太快

| 检查项目与治疗方式 |

- 病史
- 检查呕吐物
- X线检查

呕吐一般来讲，都是属于上消化道的问题。当狗狗吃东西时没有咀嚼，或吃到刺激到它喉头的食物时，就会将食物整个吐出来。

狗狗是常呕吐的动物。有时候食物被它吃进去以后，不好消化，或者它没办法咀嚼时，就会吐出来。吐出以后，狗狗有时候会再把它吞下去。因为狗在呕吐的过程中有这种习性，所以比较容易造成吸入性肺炎。吸入性肺炎就是当呕出后，又再次吸入，此时食物会卡在气管，再次刺激到喉头。就如同我们人在催吐、干呕一样，又再次吐出来。如果持续呕吐或长期呕吐，会因为胃酸跑到食管中而造成狗狗的食管灼伤。

吸入性肺炎，只能对症使用抗生素。而食管灼伤，会给予狗狗黏膜保护剂。若是呕吐时间过长或频率过快，如一天2～3次，或发生两天以上，就要尽快就医。

李医师的小叮咛

拍下狗狗吐出的内容物，有助兽医诊断

⊙ 就医前这样做

医生可通过吐出的内容物，判断它是消化过的食物，还是没有消化过的食物，是泡泡，还是黄色的液体。如果吐的是白色的泡泡，表示是从胃里吐出来的。如果吐的是未消化的食物，表示狗狗没有办法消化食物，或者说吃太快，胃一下子进入太多食物而导致呕吐。

另外就是呕吐的时间如果是在早上，那可能就是饥饿造成的呕吐。带狗狗看诊时，如果能提供这些信息，就能协助医师做出更精确的诊断。

兽医的看诊笔记

有些主人会问，狗狗易患食管癌吗？现实中很少见。比较常见的是食管扩张。一般我们吃东西时，食管是蠕动的，而食管扩张就是食管不会蠕动，食物停在那边，然后过一段时间它又会把食物吐出来。我们上次有个病例装胃导管，就是从胃部装，从皮肤穿出，然后直接从管子喂，人如果动口腔手术，也是这样的。

皮肤出现异常

搔痒、发炎、红斑、掉毛，可以说是狗狗皮肤常出现的异常情况。

皮肤异常狗狗的基础照顾知识

由于狗狗皮肤问题很多，因此在兽医领域里皮肤科有一个专门的科别。在这里我们特别用几页的篇幅说明，如果发现狗狗皮肤出现哪些问题就需要就诊，并介绍容易引起皮肤异常的"库欣病"。

| 皮肤异常的信号 |

皮肤可以说是主人最容易发现异常的一个部位。皮肤异常的第一个信号，就是出现搔痒、红斑、掉毛。最常见的就是脱毛，如果其他症状没有注意到的话，至少会注意到掉毛，会发现毛怎么会变少。

掉毛是指突然间掉一堆的毛，有时候带它出去跟别的狗狗玩，如果变得光秃秃的，它自己也会觉得没面子。掉毛和剃毛是不一样的。

甚至，当它皮肤出现一些脓样物，或一些皮屑，皮肤变黑，皮肤变薄，皮肤变得比较粗糙，或摸起来有点油腻感时，都表示它的皮肤出了问题。出现以上情况，都要带它到动物医院检查。

| 皮肤出现问题的原因 |

有可能是内分泌、霉菌导致，也有可能是营养上、皮脂腺调控上的问题，使皮肤出现一些症状，包含红肿、发痒、伤口等，这些信号都是在告诉我们，它应该就是生病了。

另外，如皮肤里面有黑斑、黑块，或是有不明团块，也会造成皮肤表面的异常。例如一些皮下的脂肪瘤，或是一些神经胶母细胞瘤、乳房部位的乳癌等，都属于皮肤病的一部分。至于要做什么检查，还是需要去动物医院确认。

| 狗狗日常皮肤保养小秘诀 |

建议要常帮狗狗梳毛，因为在梳

狗狗皮肤异常常见的 3 种症状

· 搔痒

· 红斑

· 掉毛

毛的过程中，可以知道它皮肤上有哪些异常，一天梳2~3次，如果在梳毛过程中狗狗有一些抗拒，要赶快到医院做检查。另外，不要经常洗澡，因为洗澡对狗狗皮肤会有一定的损伤。

| 认识库欣病 |

库欣病是狗狗常见的一种内分泌疾病，可分成"原发性"和"医源性"两种。"原发性"又分为"脑下垂体依赖型"和"肾上腺肿瘤型"。医源性的库欣病则是狗狗长期服用或注射类固醇药物导致的，所以提醒主人不要擅自帮狗狗涂没有经过兽医确认的药膏。

库欣病的症状，包含吃得多、喝得多、尿得多，也可能出现大量掉毛，而且是身体两侧对称性地掉毛。另外，很容易观察到的就是腹部会变大、下垂，但身体其他地方没长胖，以及后肢会萎缩、无力。这些多不会一次全部出现，可能先出现一种，慢慢地又出现另一种。有库欣病的狗狗，也可能出现其他并发症，比如副甲状腺素亢进、甲状腺功能低下、高血压、糖尿病等。

在治疗上，库欣病主要靠药物治疗，请一定要固定回诊、追踪，虽然刚开始治疗时，"吃得多、喝得多、尿得多"的状况会改善，但是它的毛发和皮肤状况改善需要比较长，甚至几个月的时间，因此要有耐心。

库欣病好发犬种

虽然各种品种、年龄的狗狗都可能罹患库欣病，不过中小型犬，例如贵宾犬、腊肠犬、拳狮犬等小型犬种，特别容易罹患"脑下垂体依赖型"的库欣病。

库欣病常见症状

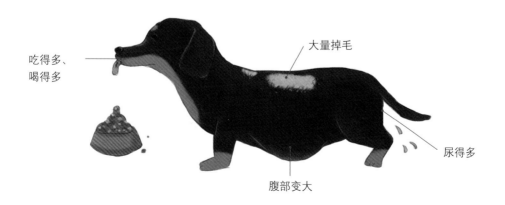

吃得多、喝得多

大量掉毛

尿得多

腹部变大

避免把人用的药膏涂抹在狗狗身上

⊙ 就医前这样做

要提醒主人，当你看到狗狗身上的皮肤异常，或者有外伤时，最好不要用人用药膏，因为这样有可能会使它的皮肤变薄，或者造成医源性库欣病。如果药膏没有吸收干净，它会一直舔，造成伤口一直不好，如果不是单纯的皮肤外伤，可能因为伤口部位已经开始癌化，导致伤口愈合不良，此时更不应该用人用的药膏来涂在狗狗的皮肤上。

⊙ 让它快速痊愈的方法

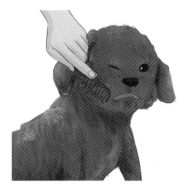

· 约一个月洗一次澡就好，避免皮肤再次受伤

· 常帮它梳毛

· 按时回诊，按照医生的处方用药

· 补充营养，如含有不饱和脂肪酸的营养品和处方狗粮

时常搔痒

| 可能原因 |

- 异位性皮肤炎
- 湿疹
- 其他细菌性皮肤炎
- 趾间炎

| 检查项目与治疗方式 |

- 显微镜检查
- 皮肤检查
- 血液检查

会出现搔痒的情况很多，有些是习惯性的搔痒，一天搔抓几次，也没有固定的部位，只是它的一个习惯。不过如果搔痒频率持续增加，那就可能有问题。例如有可能是异位性皮肤炎，再加上若皮肤上有肿胀的情况，就一定是异常的。

比如狗狗抓腋下的频率增加，这时候就要到医院检查是否有湿疹、细菌性的皮肤炎，患部是否发红，是否有脓样的分泌物或者一些黑色素的沉淀，这些都表示它的皮肤产生异常了。

除了抓以外，狗狗也常会用嘴巴舔伤口，它能够舔到的部位就是身体后半部或脚掌。如果因为主人都出门了而感到无聊，自己待在家里就开始舔脚掌，这是正常现象，但如果反复地舔，频率也越来越高，趾间开始变红，舔出味道来了，就会变成趾间炎。因为趾尖被毛覆盖，加上口水在上面，透气又差，就容易发炎。主人若没有及时检查趾间，也会助长趾间炎的发生。

正常的搔痒	异常的搔痒
没有固定搔抓的部位，频率也固定	搔抓频率增加，皮肤出现以下任意一种情况：肿胀、发红、脓样分泌物、黑色素沉淀、出现异味

· 狗狗罹患趾间炎时需靠药物治疗

皮肤摸起来有油腻感，
身上有很多小红斑

┃可能原因┃

- 异位性皮肤炎
- 过敏性皮肤炎

狗狗的皮肤摸起来油油的，搓一搓会有油腻感，而且搔痒的位置不固定时，此时有可能罹患异位性皮肤炎。

异位性皮肤炎的好发部位

异位性皮肤炎是一种遗传疾病，表示狗狗的某种遗传倾向对环境中的过敏原出现过敏反应，主人第一次发现狗狗出现过敏反应在1~3岁，也

有年纪再大一点才发生的。另外，如果狗狗的过敏原是食物，可能一吃到就出现症状，也可能过一段时间才有反应。

过敏性皮肤炎的常见过敏原

环境 （外在）	花粉、灰尘、尘螨、杀虫剂
食物 （内在）	85%：过敏原是动物性蛋白质 15%：其他食材
其他	浓密的毛发易蓄积水气，毛发容易成为细菌的温床，引发皮肤病

瘙痒

皮屑、掉毛

红斑、丘疹

色素沉淀

· 脚部、腹侧、会阴部肛门附近、眼睛和嘴巴周围

| 检查项目与治疗方式 |

- 病史及过敏原检查
- 皮肤及生化检查

皮肤出现过敏反应，表示狗狗体内的免疫反应过高，在治疗上，可能使用类固醇，或一些其他的免疫抑制剂，先让它整个免疫反应下降。如果是因环境引发异位性皮肤炎的狗狗，会配合一些抗氧化的药物，如果可以移除环境中的过敏原，狗狗的皮肤问题就会大幅改善。

如果是食物引发的异位性皮肤炎，可以进行过敏原检测。建议主人先持续2~3个月只提供狗狗水和处方狗粮，排除会容易引起过敏反应的食物，一定要避免喂其他食物。

此外，建议购买小包装的低敏狗粮，用低敏的洗剂帮狗狗洗澡。在刷洗皮肤的过程中，狗狗会感到不舒服，因为还是会痒，所以要搭配口服药，加上狗粮，进行全方位治疗。异位性皮肤炎不是单一的原因造成的，疗程可能比较长，主人要有这个认知。

也有用中医治疗异位性皮肤炎的方式，但如果狗狗不接受中药的苦味，那也没有办法。

和异位性皮肤炎很像的"皮脂漏"

皮脂漏是因为皮脂腺分泌异常所引起的，分为两类，一类是干性的，

一类是湿性的。干性皮脂漏会出现皮屑；湿性皮脂漏的皮肤摸起来会有点黏黏的。这两类都是皮脂腺所产生的异常，一般来说就是细菌刺激皮肤所造成的皮脂腺分泌异常。

皮脂腺分泌异常，通常是本身的代谢、皮脂的调控出现问题，有时会跟甲状腺功能低下有关系。所以建议做一个甲状腺素的检测。如果狗狗一直在搔痒，这时可以再去检查是不是有异位性皮肤炎，可以做IgE的检测，检测都需要额外付费，价格一般来说都是固定的。

治疗皮脂漏的方式，是用沐浴乳帮狗狗搓洗身体，让它的皮肤能够维持正常，除了洗剂以外，还需要搭配一些药膏或口服药来缓解状况。

| 预防异位性皮肤炎的方法 |

选择小包装狗粮，避免因存储过久而变质

· 狗粮最好一次只买两个礼拜的量，酸败的狗粮会影响狗狗体内脂质调控，进一步引发皮肤疾病

保持空气清新

· 建议家中使用空气清净机，减少环境中的过敏原

温水洗澡

· 用 30~35℃的温水帮狗狗洗澡，因为过热的水会让狗狗皮肤发痒

避免使用化学清洁剂

· 含有化学成分的清洁剂，很可能就是引发狗狗过敏反应的来源

定期清洗狗狗用品

· 狗狗的床垫、玩具、牵绳、衣服、餐具等，要常保干净

定期驱虫

· 建议每月投药一次，避免狗狗被寄生虫入侵而引起皮肤问题

兽医的看诊笔记

你的狗狗食物过敏了吗？

　　当狗狗饮食中含有某种成分，被身体的免疫系统误以为是有害的物质时，就会去攻击，有些体质比较敏感的狗狗就会产生过敏反应。比较常见的食物过敏原就是动物性蛋白质，比如牛肉、鸡肉、乳制品。

常见的食物过敏原

　　食物过敏不分年龄，也不分季节，有些狗狗第一次吃到某种食物就会过敏，也有累积到一定的摄取量才会出现过敏反应。

　　常见的过敏反应如皮肤红肿、发炎，加上狗狗会去抓、去舔，严重的时候还会掉毛、甩头、呕吐、拉肚子。

　　不过，当皮肤出现异常，不代表一定是食物过敏，除了食物之外，还有寄生虫、环境中的过敏原等因素。当你发现狗狗有上述那些状况时，就要带狗狗去看医生，确认过敏原是什么。如果是对食物过敏，建议进行"食物排除试验"来筛检出导致这些症状的原因。

频繁搔抓，舔咬皮肤　　　　皮肤红肿、发炎　　　　　持续不正常掉毛

经常抓耳朵、甩头
（反复发生外耳炎）　　　呕吐　　　　　　腹泻

　　当狗狗食物过敏时，饮食上我们会建议暂时吃单一蛋白质的食物，或者吃水解蛋白质处方狗粮。水解的意思是把大蛋白质分子变小，让免疫系统找不到攻击的对象，这样就可以减缓过敏反应。另外，对食物过敏的狗狗，主人可以这样照顾：

涂抹药膏，帮狗狗　　　耐心安抚狗狗情绪，以　　维持环境
戴头套避免误食　　　　减缓搔痒带来的不适感　　清洁、干燥

避免使用化学药剂
清洁家居环境　　　　　定期帮狗狗驱虫　　　定期清洁狗狗用品

出现少量掉毛

| 可能原因 |

- 霉菌感染
- 内分泌问题
- 正常的季节换毛

| 检查项目与治疗方式 |

- 伍德灯检查
- 显微镜检查

如果狗狗身上出现少量异常掉毛，尤其是同时出现搔抓、红肿、有伤口等情况，就要带其到动物医院就诊。

一般来讲，我们发现狗狗少量脱掉时，一定会做两种检测。一种是用伍德灯照毛发根部，看是否出现苹果绿颜色，如果出现苹果绿颜色，就表示是狗狗的皮肤已经受到霉菌感染。另一种就是做细菌检查，把狗狗身上皮屑接种到细菌培养皿上面，再到显微镜下观察，检查有没有菌丝在它的毛发根部。如果菌丝在毛根上，可能就是霉菌感染。

在治疗方面，一般来说都是用药膏涂抹受感染的部位，避免霉菌扩散。如果主人觉得有全身感染的危险，也可以用口服的药物。但口服的抗霉菌药剂，一般来说都会对肝脏产生一些损伤，所以这时候还会配合肝药一起

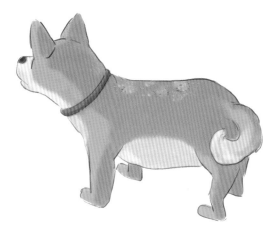

· 狗狗皮肤受霉菌感染出现斑点样掉毛

服用。小于 4 个月大的幼犬，因为肝脏的功能还没发育完全，并不适合用药物治疗。

在疗程上，吃药可能要连续吃 4 周的时间，才能完全治疗好。

霉菌感染和环境太过潮湿有关，而且狗狗的毛发是霉菌非常喜欢的地方，所以可以的话，家里的湿度尽量控制在 40% ～ 60% 之间，不管是人还是狗狗都会比较舒服。此外，帮狗狗洗完澡以后要吹干，如果手伸进毛发里面还有湿气，那就表示吹得不够干。维持干燥的环境，可以降低霉菌感染的概率。

不过，有些少量掉毛的情况是正常的，如狗狗季节性的换毛，就属于正常现象。从春天进入夏天，或从冬天进入春天等季节交替期间，是狗狗最容易掉毛的时候。天气转热的时候

掉的毛，是里面的小绒毛，一定要把它梳掉，否则很容易造成皮肤炎。冬天所掉的毛是披毛，就是外面比较长的毛，不过梳毛时要连同里面的小绒毛一起梳干净。在梳毛的过程中，可以促进皮脂腺的分泌，让油脂能够顺利排出。

比较严重的是皮肤炎造成狗狗的皮脂腺被塞住，此时就会在皮肤上形成粉刺，摸起来感觉到一颗一颗的，那就是表示它的皮肤已经开始发炎，皮脂腺阻塞。有时候还会形成一个大脓包，用力挤压可以挤出，此时需要用专用的洗剂，3~4 个星期帮狗狗洗一次就可以。最重要的，一定要常常帮狗狗梳毛。一般狗粮里面饱和脂肪酸过多，如果在狗粮中加入一些不饱和脂肪酸，例如乳木果有助于缓和皮肤发炎的情况。

· 每天帮狗狗梳毛，有助于皮脂腺的畅通，不容易患粉刺和皮肤炎

毛发越来越稀疏

| 可能原因 |

- **库欣病**
- **其他内分泌问题**

首先要看狗狗是不是有内分泌的问题。如果是内分泌的问题，一般来说都是肾上腺皮质功能亢进引起的库欣病。当主人发现狗狗的毛越来越少，可以观察它是不是喝得多、尿得多，饮食有没有超过正常范围。另外，看看它的皮肤有没有变薄。如果皮肤变薄，活动力下降，那就是库欣病，就要尽快就医。

此外，因为毛跟趾甲属于身体输送营养的最末端，当营养没有办法供应到那里时，毛发就会开始掉落，等到营养足的时候，毛发才会生长回来。

| 检查项目与治疗方式 |

- **血液检查**

一般来说，狗狗发生大量掉毛，在治疗前要先做一些检验，找到原因之后才能进行治疗。但如果除了掉毛

外，还伴随着搔痒，表示它的皮肤已经受到感染；如果没有搔痒情况，单纯做内分泌方面的检测就可以了。

如果狗狗出现库欣病的常见症状，例如吃得多，喝得多，肚子越来越大，就要到动物医院采血检测，如果是脑下垂体异常造成的库欣病，可以用药物治疗，也可以选择开刀。不过，如果是肾上腺肿瘤引起的库欣病，首选以开刀方式治疗。若医生评估后认为不能开刀，才会改用药物治疗。

不过，无论是哪一类的库欣病，即便是开刀治疗，也有复发的可能，风险也较高。若采用药物治疗，虽然病因还是存在，无法痊愈，但是可以将病情控制在一定的范围内。

还有一种毛越来越少，慢慢演变成大量掉毛的脱毛症，这种病特别好发于博美犬，原因可能牵涉生长激素不足、甲状腺功能低下等，目前还没有明确的结论。在治疗上，主要采用补充身体所缺乏的营养的方法。

魏博士的小叮咛

皮肤骚痒、红肿、异味怎么办？

乳木果是奶油树的果实，源自西非的大草原，在非洲，乳木果油也有"女人的黄金"之称。在多数的医疗文献中可以看到，乳木果对皮肤滋润以及抗发炎有很好的效果。

而在我们临床上，乳木果搭配适当的药物，能有效地缓解皮肤异味及红肿症状。另外，搭配多种菌株以及完整包覆的益生菌，可以由内而外地解决狗狗的皮肤骚痒、红肿以及异味等问题。

第 **4** 章

狗狗行为出现异常，
是健康一大预警

狗狗的行为，包括吃、喝，还有就是行走。
平常吃饭、喝水时，可能主人都没有特别留意，
但最有感的就是当它走路、跑步出现异常的时候，
这一章就从主人可以明显察觉的状况来为大家解答。

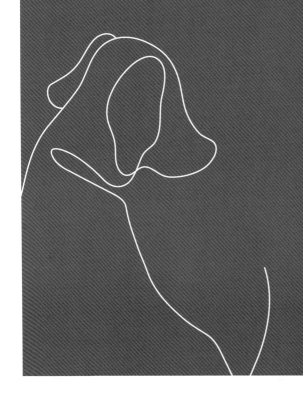

行为出现异常

　　这一章针对狗狗的异常行为，如忽然歪头、走路一跛一跛、身体发抖、常常咬尾巴等，希望能让主人初步了解当狗狗发生问题就诊时，可能需要做的检查与治疗方式。

 走路时一跛一跛
→ p.112

 身体出现震颤
→ p.115

 不停发抖
→ p.116

一直绕圈圈
→ p.118

 动不动就拱背
→ p.120

 常常咬尾巴
→ p.121

 常磨屁股或舔屁股
→ p.122

 出现疝气
→ p.124

 受过训练还是随地撒尿→ p.125

 突然出现歪头情况→ p.127

流口水且发抖，站不稳→ p.128

 变得不爱亲近人，常躲起来
→ p.130

 不停用头去顶硬物
→ p.131

 不睡觉或作息突然改变
→ p.132

 变得爱舔脚指头
→ p.133

第4章 狗狗行为出现异常，是健康一大预警

111

走路时一跛一跛

| 可能原因 |

- 关节炎
- 关节脱臼
- 骨折
- 韧带断裂
- 肌肉拉伤
- 扭伤

| 检查项目与治疗方式 |

- X 线检查
- 肌肉检查
- 神经检查

走路跛行，可能是狗狗有关节炎或关节脱臼。

一般来说，我们都会先做触诊，就是在关节的位置检查是否有关节脱臼的情况。如果是关节脱臼，一般就会安排肌肉、神经检查。

如果是后肢一跛一跛的状况，会针对髋关节、膝关节、踝关节，甚至脚指头进行检查，每个部分的关节都会检查到，甚至肌肉也要一并检查。确认肌肉是否疼痛？或者肌肉有没有拉伤？扭伤？关节是否有松动等，再

就是骨骼，看它是否骨折。

在诊断时，我们也会向主人询问狗狗跛行的程度，例如走路状态是一蹬一蹬，还是整个脚都缩起来走。这两种是完全不同的。一蹬一蹬的，就是脚掌敢着地走路，假如脚缩起来，不敢着地，就是其他情况，这也代表受伤的部位是不同的。

另外也很重要的一点就是跛行的状况发生了多久。如果是在奔跑的时候发生的，跛行有可能是韧带断掉、骨折、膝关节移位，要先照 X 线检查严重程度，再进行后续的治疗。

如果是罹患关节炎这种狗狗非常常见的慢性病，多数是由软骨受损引起的。软骨受损的原因有很多种，可能是自然老化，软骨间的润滑液慢慢不够了，造成关节磨损，就像人老了也会产生一样的情况。再有就是狗狗关节受过伤，造成软骨退化，或者软骨因为外伤受到细菌入侵。另外还有身体结构上的问题，就是先天性的。某些品种的狗狗因为髋关节和膝关节天生发育就不好，比较容易患关节炎。比如腊肠狗、红贵宾、吉娃娃、柯基犬、柴犬等。

最后一个造成软骨受损的原因是

肥胖。因为体重过重会增加关节的负担，如果是肥胖造成的关节炎，就要减重，体重掉下来了，因为关节炎引发的疼痛就会明显改善。

有关节炎的狗狗，可能在站立上有困难，主人可以观察是不是要它站起来的时候它的动作很慢、很僵硬，或者长期坐着、趴着、不想动。也可能会有情绪低落、食欲下降的状况。

要预防关节炎，就要使狗狗维持在正常体重内，定期带它出去动一动。不要喂它人吃的食物，因为人的食物对它来说都太咸、太油腻。

膝关节异位的症状

跛行 / 轻跳

上楼梯没力

· 狗狗关节炎的各种症状

魏博士的小叮咛

做好骨骼的日常健康维护

要预防关节炎，除了要让狗狗维持正常体重外，最重要的还是在平常帮它维持好骨骼及组织的健康。最简单的营养疗法，就是从补充钙、维生素 D_3 来着手。最好选择国际认证的原料，以不受餐前餐后食用限制的柠檬酸钙为佳。柠檬酸钙不但没有结石的问题，而且吸收率更好。同时建议再搭配 D_3 来帮助钙吸收，达到全方位的照护。另外，牛油果具有抗发炎、减少肌肉酸痛等功效，选择含有 II 型胶原蛋白、葡萄糖胺、牛油果及凤梨酵素等复方成分的软胶囊，效果更好。

关节受损的狗狗要减少跳跃、上下楼梯

⊙ 就医前这样做

在看医生之前，主人一定要先观察一下狗狗的这些情况：

- 它曾经去过哪里？
- 它有没有从哪个地方跳下来？
- 有没有跟别的狗打架？
- 玩过什么游戏？
- 跟谁一起玩？
- 发生跛行的时间多久了？
- 跛行的程度如何？

这些都是需要主人观察后提供的资讯，也是我们在疾病诊断上的重要依据。

⊙ 让它快速痊愈的方法

平常怎么照顾有关节炎的狗狗呢？

关节受损的狗狗要避免跳跃、上下楼梯，避免做一直弯曲关节的动作。地板上可以铺防滑垫，增加地板的摩擦力，狗狗走路的时候就会比较省力。

在饮食方面，可以补充一些含有葡萄糖胺、ω-3、软骨素的营养品。

· 避免上下楼梯

· 铺防滑垫

· 补充营养品

身体出现震颤

| 可能原因 |

- 脑部异常
- 神经压迫
- 肌力不足
- 体内离子不平衡或流失
- 胸椎、腰椎异常

| 检查项目与治疗方式 |

- 脑神经检查
- 肌肉张力检测

身体的震颤，有时候是肌肉震颤，另外就是脑袋不停地点动，或者嘴角出现震颤。

如果是头部不停地震颤或嘴角震颤，就要检查是不是脑部发生了问题，造成狗狗不由自主地点头，或者嘴角常常不由自主地抽搐。

如果是肌肉震颤，造成的原因有很多。如果狗狗只是站立的时候产生肌肉震颤，这时候就要检查是不是神经受到压迫。如果是神经压迫就要做神经学上的检测。如果是后肢震颤，就要检查它的胸椎、腰椎是不是出现了异常。

另外，也要检测肌肉张力。因为肌肉的力度不够或者肌肉包覆力不够也会引起狗狗肌肉震颤。此外，还要考虑钙离子不平衡、离子流失等情况。

发生震颤的部位	可能原因
嘴角、头部震颤	脑部异常
肌肉震颤	神经压迫 肌力不足 体内离子不平衡或流失
后肢震颤	胸椎、腰椎异常

不停发抖

| 可能原因 |

- 关节疼痛
- 内脏发炎或受到压迫
- 气温过低
- 细菌或病毒感染

| 检查项目与治疗方式 |

- 神经检查
- 生化检查

　　如果狗狗不停地发抖，就要看狗狗是在什么动作下颤抖。

　　站立时颤抖，一般来说跟疼痛有关。因为肌肉无力，没有办法支撑体重，关节处会产生疼痛，就会颤抖。

尤其如果站立时是很慢地站起来，也就是因为体位上的改变所产生的发抖，更有可能是关节问题导致的。此时请尽快带狗狗到动物医院做检查，看是不是肌肉无力造成的，医院会先帮它打止痛药以减轻疼痛。

　　如果是趴着的时候发抖，而且发出低鸣，似哭泣的声音，表示可能是因内脏造成的疼痛而发抖，例如胰脏发炎，或者是脊椎压迫到内脏。上述两种情况所呈现的部位是不一样的。

　　发抖可以让体温升高，也可能是因为气温过低而发抖，也可能是发烧所引起的发抖。

　　当狗狗因为肌力不足而发抖时，可以帮它补充高质量蛋白质；若是因内脏发炎而导致发抖，通常我们的做

· 肌力足和肌力不足的狗狗，定期带狗狗去运动有助于增加肌力

法是先帮它止痛，进行输液，当然得住院观察；如果伴随发烧，就要进行输液后留院观察。

兽 医 的 看 诊 笔 记

在主人把狗狗带到动物医院的时候，一般我们就会根据它的症状去做相应的检查。医生不是神，很多时候要看到检查结果，才能进行进一步的诊断和后面的治疗。如果刚开始什么都不做，就用猜，反而会延误治疗，所以检查有时候是必需的。

比如关节方面的疾病，我们会对骨关节进行检查。再比如说狗狗在发抖，就要看它是不是体内离子有变化，做抽血检查，再进一步确认它是不是发烧，甚至要做 X 线检查来找出原因。

如果主人对狗狗的疾病有基本的认知，什么样的疾病可能要做哪些检查，一方面不会花冤枉钱，另一方面也不至于因小失大，耽误狗狗的病情。

一直绕圈圈

| 可能原因 |

- 脑神经异常
- 前庭系统（耳朵）异常

如果狗狗有一直绕圈圈的情况，就是狗狗的脑部出现了问题。当它一直向左绕的时候，可以看看左边的耳朵，一般来说是它的中耳或者内耳出了问题。另外，是前庭系统出了问题。

一般来说，我们会做神经检查。我们有一个神经的量表，如果要找出原因，我的建议是可以做断层扫描，看看脑部的状态到底是怎样的，例如围着物体绕圈圈跟自己原地一直转圈，这两个状况是不太一样的。

此外，要看它的眼球有没有震颤，它也包括在神经检查里。例如它会这样绕圈圈：如果房间比较大，就绕比较大的圈，房间比较小，就绕比较小的圈，持续地一直绕。当坐下来休息时，它的头也会歪向一边，这就表示它的脑部的神经出了问题。

| 检查项目与治疗方式 |

- 神经检查
- 断层扫描

如果是因为脑神经问题产生的状况，刚开始会先用药物治疗，如果想要进一步治疗，就做断层扫描。有的

· 狗狗不同的绕圈方式，表示不同的脑部异常状态

医生会做一些血液检查，再结合临床症状诊断给药。

一般来说，不管是中耳、内耳或前庭、脑神经的问题，都需要使用药物治疗。不过在给药的时候，最好还是检查一下它的肝肾功能。有些药物会影响到肝，有些药物会影响到肾。

另外，在药物治疗上，我们会先以一周的疗程为基础，观察状况是否好转。有时候这个症状好了，另外一个症状出现了。比如晚上它会开始不明原因地嚎叫，那也有可能是因为脑部其他部位出了问题，所以要根据它的症状做药物调整。

兽医的看诊笔记

为什么狗狗上次检查正常，这次检查又不正常了？

常有主人不解地问医生，你不是说检查都正常，那为什么这次检查又不正常，或者跟医生说为什么吃这个药没有效，常常会遇到这样的询问。

其实并不是说治疗无效，在治疗过程中，另外一种疾病已经潜伏，然后等到某个时间点，整个暴发出来。

生病是一个过程，治疗也是一个过程。在生病的过程中，我们用药物介入，试图减缓病症。可是，后面可能还会有另外的病症，就跟波浪一样。疾病本身会有潜伏期，当我们用药物后，B症状被压下来，A症状就会变得明显，有时就会有这种现象出现。有时候因为没有临床症状，往往就会被主人忽略，等主人忽然想起之前有什么征兆时，另外的临床症状早就已经出现了，只是因为眼前的症状比较严重，所以以这个症状为主来治疗，忽略了原本就存在的症状，这些都是有可能会发生的事。

所以在问诊的时候，我不是只针对目前所看到的，一般都会做出时间轴，包含什么时候发现，持续了多久，狗狗后续出现的状况等，再根据当时的状况用药。

另外也提醒主人，在治疗过程中发现狗狗有其他异常情况时，一定要记录下来，再跟医生去做讨论。

动不动就拱背

| 可能原因 |

- **身体疼痛**

| 检查项目与治疗方式 |

- **X线检查**
- **超声检查**
- **血液检查**

狗狗不会无缘无故把背拱起来，所以如果出现拱背，一般来讲是由疼痛引起的。就像我们肚子痛的时候身体会缩起来，背自然拱起，狗狗吃到异物，因为肠子鼓胀造成疼痛，也会有一样的反应。狗狗背部拱起，是我们能看到的一个临床现象，造成的原因与疼痛有关，只是我们不知道疼痛发生在哪个部位，所以必须通过检查确认。

在检查方面，照X线是必需的。检查狗狗的脊椎是不是已经变形，或者是不是有退行性的关节变化，然后做血常规检查白细胞数值，看看有没有发炎。胰脏、胆囊发炎，肾结石等都会造成疼痛。有需要的话，甚至要做超声检查，检测疼痛点。

当疼痛发生时，可用止痛药和辅助药物来缓解。

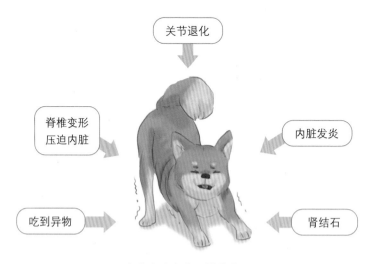

· 造成狗狗疼痛而拱背的原因

常常咬尾巴

| 可能原因 |

- 尾巴发痒、发炎
- 其他部位异常的警告信号

| 检查项目与治疗方式 |

- 皮毛检查
- 霉菌检查

狗狗会追着尾巴一直咬，这样的情况表示它的尾巴正在发痒或发炎。有时候狗狗的尾巴前端，会因为被门夹到而发炎，发炎处如果被毛盖住，主人就容易忽略。伤口持续发炎而出现肿胀，狗狗就会不舒服，开始又舔又咬，毛也会开始脱落。

看到狗狗喜欢啃咬自己的尾巴，如果放任不管，后果会越来越严重，可能啃到干干的只剩下皮，有的甚至只剩下骨头。如果出现这种情况，尾巴就要截掉，才能避免继续感染。

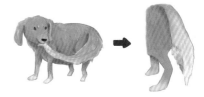

· 如果常看见狗狗咬尾巴，绝对不能忽视

李医师小叮咛

先戴上头套，防止狗狗继续啃咬尾巴

⊙ 就医前这样做

狗狗的尾巴除了会用来表达情绪外，也能反映健康问题。当主人发现狗狗不断咬尾巴时，应该先把它的毛拨开，看看有没有异常。也可以帮它戴上头套，防止其继续啃咬，并且尽快就医。否则尾巴容易慢慢坏死，长不出毛，应避免露出的部分因与外界接触造成感染，最后就得截尾。

常磨屁股或舔屁股

| 可能原因 |

- **肛门腺堵塞导致发炎**

这是因为主人没有帮狗狗挤肛门腺，导致肛门腺发炎。

一般来讲，在狗狗大便的时候，肛门腺里面的液体会顺着大便挤出来，便便上就有它自己的味道，用来标记自己的领域。如果肛门腺里面的液体没有挤出来，狗狗出现舔屁股，或者拉肚子的情况，就有可能是肛门腺的开口堵塞，这时要帮狗狗挤肛门腺。

如果去做宠物美容，虽然美容师会帮忙挤，可他们通常是从外面挤，有时候会挤不干净。如果主人看到狗狗时常磨屁股，千万不要再认为它好像很爱干净，其实是它的肛门腺痒，这时就要赶快帮它挤肛门腺了。

| 检查项目与治疗方式 |

- **直肠检查**

当肛门腺已经有发炎的情况时，因为挤肛门腺的频率大约是一个月一次，所以一个月至少要回诊一次。如果情况比较严重，就一个月回诊两次，也就是半个月挤一次。回诊时再观察肛门腺的状态，通常医生会用触诊的方式进行检查。

除了挤肛门腺之外，有些甚至要搭配一些抗生素，以及抗过敏和止痒的药物，达到预防细菌感染的效果。

李医师小叮咛

帮狗狗挤肛门腺，预防发炎、细菌感染

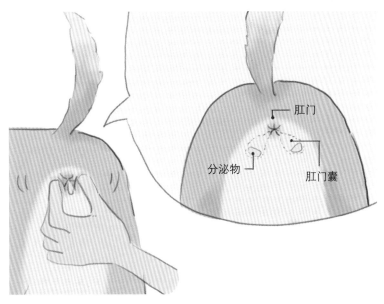

肛门

分泌物

肛门囊

· 狗狗肛门腺示意图

⊙ 帮狗狗挤肛门腺的方法

一般我们在挤肛门腺时，用食指和拇指，在四点和八点的方向能感觉到一个囊状物，慢慢往上推，就会挤出浅棕色的油状液体，挤出后拿卫生纸包裹住、丢弃。

另外提醒各位，在挤的时候，力道要拿捏好，有时候很用力但开口还是没有打开，如果再用力挤时反而会爆开。一旦发生这种情形，狗狗就要做肛门腺摘除。所以，建议第一次挤肛门腺的主人，最好还是先观摩一下兽医怎么做会比较好。

出现疝气

| 可能原因 |

- **排便困难、长期便秘**

公狗跟母狗出现疝气的地方不一样。一般来说，未绝育的狗狗较容易发生疝气。公狗出现疝气的位置几乎都在肛门周围，母狗则是出现在鼠蹊部。

疝气通常是因为便便被塞住，全都卡在直肠，没办法排出，狗狗就会有排便困难的问题。主人只要看到鼠蹊部或肛门附近有鼓包，或大便排不出来，就要赶快到动物医院就诊。

| 检查项目与治疗方式 |

- X 线检查
- 超声检查

治疗的方法都是开刀，不可能用药物来恢复正常。一般来说，会发生疝气，通常都是因为会阴隔膜肌肉无法支撑直肠壁，而造成直肠、腹腔脏器等进入会阴，如果发生这种状况，就只能动手术了，一般都会建议，直接把睾丸摘除，因为不拿掉，会因为雄性激素造成肌肉松软。没有办法控制住肠道，如果之前没有做过绝育的狗狗，这时候也会建议顺便做绝育手术。

李医师小叮咛

不要随便给药

有些主人会先让狗狗吃软便剂，虽然能暂时缓解，但还是会复发。此时因为尿液积累在膀胱，导致膀胱整个胀大后坏死，会造成急性肾衰竭，所以还是建议到动物医院诊断后再确认处理方式。

受过训练还是随地撒尿

| 可能原因 |

- 狗狗是健忘的
- 肠道出现异常
- 慢性膀胱炎
- 结石问题

虽然狗狗受过训练，但时间一久它就会忘记，加上狗狗本身会有地域性，它觉得哪里好、哪里方便，就会去那个地方尿尿，所以后续就要靠主人帮狗狗养成定点大小便的习惯。

如果常发生狗狗等不及就排便，而且大便常是一个球、两个球、三个球的话，就要考虑是不是肠道有问题。如果一直尿尿，就要检查看看是不是有慢性膀胱炎等其他疾病。

另外，狗狗如果尿尿时蹲了很久，可是只尿了一两滴，公狗的话就要检查前列腺，母狗就要检查是不是有慢性膀胱炎或结石。这两种情况都会造成尿的频率增加，但尿量却很少。

| 检查项目与治疗方式 |

- 尿检
- X 线检查
- 超声检查

狗狗的尿路结石问题

什么是尿路结石	尿路结石依照尿液的酸碱度不同，而会有磷酸氨镁结石与草酸钙结石
哪种狗狗容易有尿路结石	尿路结石可分成两种。一是磷酸氨镁结石，好发于母狗，主要是细菌感染引起的；一是草酸钙结石，好发于已经绝育、4 岁以上的公狗，主要是饮食和肥胖问题引起的
症状表现	如果发现狗狗尿液混浊且气味重，甚至有血尿，或者尿道口红肿，排出脓样分泌物等，都可能是由尿路结石引起的
饮食调整	可在一日饮食中选择适当的处方狗粮，并多喝水。提升狗狗喝水的欲望和增加摄取量，其他则视每个个体的状况而定

李医师小叮咛

预防狗狗随地大小便的方法

· 在它撒过尿的地方，可以用含有活性酶、气味刺鼻的清洁剂来清洁（请先确认成分对狗狗无害），去除尿味，防止它闻到以前的尿味又继续在此处大小便

· 早、晚固定时间带它到户外上厕所，并且随机给零食，让狗狗意识到这样做会有奖赏，但不用每次都给，帮助狗狗养成定时排泄的习惯

· 准备它的尿布垫。可以训练它到浴室撒尿，或者把它关到某个固定的空间，让它固定在那边大小便，把味道留在那个地方，让它有地域感

　　另外，有的主人在带狗狗看诊时，会很体贴地帮它收拾排泄物。因为狗的本性就是有占领欲，当它闻到其他的味道，就会想用自己的尿把其他味道掩盖。主人这样做可以预防狗狗在动物医院随地排泄。

突然出现歪头情况

| 可能原因 |

- 落枕
- 受外力撞击
- 从高处摔落

| 检查项目与治疗方式 |

- X 线检查
- 断层扫描或磁共振

一般来讲，狗狗不会无缘无故地歪头，比较常见的是因为睡姿不良而落枕。通常狗狗落枕时，会出现不能转头，只用眼睛斜瞄的状况，而且一碰它的头就会吠叫。这时候要带它到动物医院，医生会帮它套上护颈，并给它使用止痛以及肌肉松弛的药来舒缓症状。

有时候主人下班时才看到狗狗的头突然间歪了，不知道白天发生什么事情，所以有可能是撞击，有可能是从高处掉下来，或者跳沙发时不慎摔落，所以要通过照 X 线来确认颈椎有没有受伤，也要检查是不是有脑震荡的情况。

除此之外，狗狗受到外力撞击，呈现的大多是上下歪的情况，也就是第一和第二颈椎的韧带变松。如果出现这个症状，就要通过手术固定。

如果只是一般的肌肉拉伤，建议使用止痛药，然后让狗狗回家冰敷，慢慢让颈部、头部回正，要避免在受伤的地方硬拉，否则伤势会更严重。

就医时，主人要告知狗狗的病史、发生歪头状况的过程，例如它是在做什么样的动作，或者发生什么样的状况时突然歪头，这些都有助于医生的诊断。

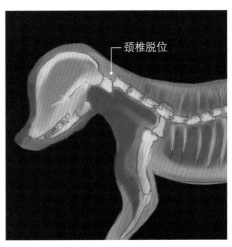

颈椎脱位

· 外力撞击可能造成狗狗颈椎脱位

127

流口水且发抖，站不稳

| 可能原因 |

- 血糖过低
- 胰岛素过量
- 产后癫痫
- 甲状腺功能亢进

| 检查项目与治疗方式 |

- 血糖检测
- 甲状腺素检测
- 生化检查

主人看到狗狗流口水或站不稳，就要赶快就医。一般我都会先询问狗狗是不是有低血糖的问题，或者询问狗狗饮食是不是正常。长期饮食不佳会造成体内离子不平衡，要用血糖仪测量它的血糖数值，如果在低范围，就要赶快帮它补充糖分，待它的血糖稳定之后，再采血检查它的钙离子。如果狗狗有糖尿病，也会询问打的胰岛素是不是过量了。

另外，我也会观察狗狗的外观和状态，是不是太消瘦，还是太亢奋。因为太亢奋的话走路也会抖，所以要做区分。比如它食欲很好，但是体重却在减少，如果是这种情况，有可能是甲状腺功能亢进，因为甲状腺素分泌过量，这时就要使用药物把甲状腺素分泌量压下来。

如果是生产后的狗狗，还可能发生产后癫痫，也就是在分娩后所产生的全身痉挛，造成肌肉僵直与抽搐。

最后要补充说明一下，如果是在注射胰岛素后产生发抖、站不稳的情况，每打1IU的胰岛素，可以补充2g的糖。为了避免情况再次发生，帮狗狗注射的人最好能固定，或者要做完整记录，避免重复打入胰岛素。

· 营养不足、血糖过低，狗狗也会出现发抖的情形

狗狗身体的代偿机制，会让疾病检查数据失准

　　主人要有一个基本观念，就是在疾病中所做的检查不一定一次就准确。这是因为有时候身体有一部分会代偿，一般来讲都是治疗完要等一段时间，比如说隔一天或者间隔12小时，再去做一次检查，这时你可能会看到跟原本不一样的数据。常见的刚出车祸的狗狗，血液数值可能都还在正常值。

　　不过，如果说狗狗患有慢性疾病，而且已经患病很久了，那就没什么代偿的问题。所以这时候检查得到的数据就是能够作为参考的数据。

　　血糖检测是马上做就能得到真实的数值，血糖数值没有所谓代偿的问题。低血数值表示血糖数值不够，就要帮狗狗注射点滴、补充糖分，再监控血糖数值，让血糖回到正常范围内。

变得不爱亲近人，常躲起来

┃可能原因┃

- 曾受到虐待
- 社会化不足，缺乏安全感
- 身体疼痛

┃检查项目与治疗方式┃

- 格拉斯哥评分

当狗狗喜欢躲藏，要考虑它是否受到打击或者受到伤害。比如它曾经受到虐待，可能上一个主人常常看到它就揍它，给它造成心理上的阴影。到下一个主人时，就会跟新主人不亲，或者跟所有人都不亲近。

另外还有一种刚好相反，只黏着主人，生怕主人把它丢掉。而且在主人怀中，对别人也会特别凶，这都表示它没有安全感。这样的狗狗，要让它多一点社会化的机会，比如让它多接受其他人的抚摸，让它知道大家都很爱它。

这种排斥其他人、没有安全感的状况，持续时间其实要看狗的个性，有些需要很长时间才能改善。

狗狗喜欢躲藏的原因，可能是它的身体有疼痛感。当它不舒服的时候，就会喜欢躲在衣柜角落，或者其他隐蔽的地方，所以主人发现狗狗有躲藏的情况，记得及时就医，检查有没有发烧，或者其他的疼痛反应。

· 缺乏安全感的狗狗只想黏着主人，需要多让它和外界互动

· 当狗狗身体疼痛时，可能会经常躲起来

不停用头去顶硬物

| 可能原因 |

- 脑神经／脑部退化

| 检查项目与治疗方式 |

- 神经检查
- 断层扫描
- 磁共振

狗狗不停地用头去顶硬物，有时顶到墙上就不动了，好像在那里低头思过一样，过一段时间起来后，又去顶另外一个地方。如果狗狗出现这种情况，大多是脑部有问题，脑神经出现了退化。

这种情况通常也检查不到异常，只能喂食一些营养补充品，让它不再恶化。在治疗神经退化上，不管是人医还是兽医，虽然类固醇的药有效果，但是类固醇吃久了对身体并不好，而且药物的疗效还是很有限的。

因为头脑的退化一般来讲都是氧化反应，所以，我的建议还是补充营养，提供含有 B 族维生素和抗氧化成分如维生素 C、维生素 E 的营养补充品，帮狗狗增加一些抗氧化反应，对它会有帮助。不过，这些氧化物口服进去后，会不会到达脑部，目前并没有明确的实验数据，只能根据狗狗的状况，用这个方法来维持。除非是出现疼痛的状况，就使用止痛药，让狗狗舒服一些。

此外，如果狗狗有抽搐的问题，也可以喂食含有 B 族维生素或镁、钙的营养补充品，因为这些成分有修复神经的功能。

· 狗狗常用头顶墙壁，不是在面壁思过，而是脑神经退化了

131

不睡觉或作息突然改变

| 可能原因 |

● 脑神经／脑部退化

| 检查项目与治疗方式 |

● 神经检查
● 磁共振

很多老龄犬行为会发生改变，晚上一直叫且不睡觉，或作息跟以往不一样，这都是因为脑部退化造成的。

随着现在狗狗老龄化现象越来越严重，主人遇到这种异常的机会也会越来越多。比如有时候它会不认识你，有时候会突然看不见，只知道吃饭和睡觉，慢慢地就会出现痴呆的症状。

如果是脑部退化造成的，基本上都是无解，最多只能给它吃一些安定神经的药，让它能够好好睡觉。因为随着年龄增长，狗狗本身的整体机能都在衰退，要靠药物修复狗狗的身体机能，是有难度的。所以我们建议喂食营养品，希望狗狗在老化的过程中，也能过得舒服一点。

另外，以前的狗都需要打猎，而且寿命不长，现在的狗狗如果没有什么疾病，大多都可以活到十几岁，跟人类的生活习性也越来越像，甚至也吃相同来源的食物。由于寿命延长了，以前看不到的疾病也就会开始慢慢出现，这也是主人可能会面临的问题。

老龄犬脑部退化的表现

· 常常发呆

· 认不出主人

· 半夜吠叫

变得爱舔脚指头

| 可能原因 |

- 感到无聊

| 检查项目与治疗方式 |

- 脚趾是否有发炎
- 皮肤是否有伤

　　狗狗因为没有人理会觉得无聊，只好东舔舔、西舔舔。舔到后来，主人就会发现它的脚趾红红的，而且开始发痒，并且越痒就越舔，最后舔出趾间炎。治疗趾间炎时，因为要帮狗狗做检测，会把患部的毛剃掉，有时候一眼就可以看到脚掌红红的，那就表示脚掌已被舔到形成了皮肤炎，患部会释放出组织胺，狗狗就会觉得痒。动物医院会帮患趾间炎的狗狗做刷洗，之后再观察其搔痒状态的改善程度，虽然这时候让它吃抗生素有所帮助，可是一停药就会复发，所以要先帮它戴上头套，避免其继续舔脚趾。

　　狗狗舔脚指头非常常见，在日常照顾上，根本方法是主人多陪它玩，适时地让它转移目标，不要把所有的注意力都放在脚指头上。这样就可以慢慢把问题解决。另外还可以从狗粮入手。如果狗狗是过敏体质，就可以从改变狗粮开始，再配合一点抗生素和止痒剂，加上局部的刷洗，从几个不同的方面着手，就可以达到效果。

治疗狗狗趾间炎的方法

· 多陪它玩，转移注意力　　· 服用抗生素和止痒剂

舔咬身体特定部位

|可能原因|

- 该区域有外伤

|检查项目与治疗方式|

- 体表检查
- 神经检查
- 生化检查

如果狗狗喜欢舔咬身体固定的地方，很可能就是那个地方有外伤。在有外伤的情况下，最好马上带它到医院给医生检查。我们在做治疗时，第一个就是剃毛，有些主人会说冬天剃毛狗狗会冷。其实除了毛外，狗狗还有皮下脂肪，且剃毛最主要是为了治疗，所以不要舍不得，而且毛还会长出来。如果放任患部坏死，长不出毛，之后狗狗的外观反而会变得更加难看。

剃完毛之后，就要看看它的伤口是什么原因造成的，如果是因为细菌造成，就要做局部的刷洗，再用一些口服药物，帮助伤口快速愈合。当医生要帮狗狗剃毛时，请别再大惊小怪，这都是为了帮助狗狗恢复健康而做的必要措施。

带狗狗回家后，定时服药，定时处理伤口，保持患处干燥，可以让伤口快速痊愈。

· 狗狗常舔咬的部位可能有外伤

走路无力，容易疲倦

| 可能原因 |

- 椎间盘压迫到神经
- 心肺功能衰退
- 关节受伤、退化或关节炎
- 肾脏问题

| 检查项目与治疗方式 |

- X 线检查
- 断层扫描
- 肾功能检查

心肺功能衰退

· 心脏病会造成运动耐受性不高，例如，以前狗狗可以走 100m，现在走路走不到一半就坐在那边休息，或者平常在休息的时候就已经很喘，那就表示它的心脏有问题

椎间盘压迫神经而感到疼痛

· 这时要先检查是不是椎间盘压迫到神经，造成疼痛，此时狗狗不会喘，只是走一走就会坐下来，再走一走再坐下来

关节受伤或患有关节炎

· 当它坐下去再站起来时有困难，就表示它的关节受伤或患有关节炎，也就是退行性的关节变化，所以主人要多观察它平常坐下、站起时有没有困难

如果发现狗狗走路、运动的耐受性不高，可能是以下情况：

一般来讲，在脊椎处所产生的压迫，照 X 线通常看不出问题，只能去猜可能是哪一段的问题。最好的确诊方式还是做断层扫描。而且，脊椎疼痛需要用止痛药，所以也要检查肾功能，如果肾功能不好又给它吃止痛药，就会衍生其他问题。

如果是心脏问题，要照 X 线加上超声检查，看看有没有瓣膜缺损、瓣膜闭锁不全或者心脏肥大。因为心肺功能上的异常可能跟肾脏有关，所以也要检查肾功能。

如果是退行性的关节变化，要用止痛药，或者一些含有葡萄糖胺、硫酸软骨素的营养补充品来延缓关节炎恶化。另外，可以补充鱼油。因为鱼油含有 ω-3 不饱和脂肪酸，可以减轻狗狗的发炎反应，让它的关节更活络。市面上的营养补充品相当多，可以询问医生在临床使用上哪一个品牌比较好，再自行购买。

了解这些原因，就是让主人心理上有一个准备，表面是运动的耐受性问题，背后却是有 3 种以上甚至更多的原因。

李医师小叮咛

爬楼梯对狗狗的关节非常不好

除了从饮食中获取必要的营养素外，在运动的形式上，要避免狗狗受到伤害。比如要避免爬楼梯，尤其一些特定品种的狗狗，如腊肠、柯基等，这些品种的狗因为身体长，所以在走路时脊椎容易出现左右扭转，引发椎间盘突出的问题。

狗狗的行走路线，尽量跟它的脊椎平行。主人可尽量抱着狗狗上下楼，或在楼梯旁边搭每阶高度差比较小的楼梯，减少狗狗的脊椎和其他关节的损伤。

· 爬楼梯容易造成狗狗椎间盘突出

脸部不对称

| 可能原因 |

- 疱疹病毒
- 外伤
- 脑神经病变
- 其他不明原因

| 检查项目与治疗方式 |

- 神经检查
- 疼痛指数检测

一般我们检查脸部的对称，就是看狗狗脸部有没有歪掉或者倾斜。

· 狗狗嘴角下垂，可能是颜面神经受损

以狗狗来说，中风的概率比较小，反而是颜面神经受损会比较大。造成动物颜面神经受损的原因大部分都是不明确的，常见的原因则是疱疹病毒侵犯到神经，造成损伤。还有就是外伤所造成的神经损伤。最严重的是脑部里面产生的病变，造成颜面神经受损，此时就要从神经修复来着手。

如果是颜面神经的损伤，狗狗一边脸是不会动的，例如一般嘴角都是上扬的，如果一边掉下来，就会流口水。

就医时，除了神经检查以外，就是看疼痛指数。看它脸部左右两边对疼痛的感觉一不一样？如果不一样，就表示它的神经是麻痹的，需要使用一些药物，让它慢慢恢复到正常。主要还是要看它神经的受损程度而定。

另外，我们只能根据狗狗的临床症状，用觉得对它有帮助的药物，例如喂食含有B族维生素的药物，持续服用1~2个月，看看它的神经能不能恢复到正常状态。

如果狗狗服用之后仍然没办法回到正常状态，就要进行磁共振或断层扫描，检查是不是有其他疾病。

特别收录

除了一般疾病之外，
当狗狗发生紧急情况时，
应该如何处理呢？
目前狗狗可以进行的微创手术应用范围和优缺点又是哪些？
一起来了解这些重要信息，
守护它的健康吧！

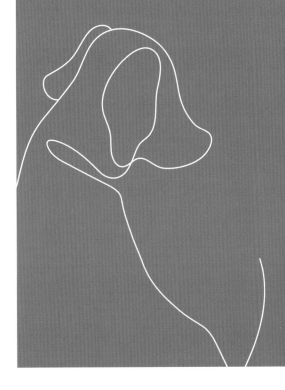

打造狗狗专用急救箱！紧急情况时的标准操作程序（SOP）

狗狗发生误吞异物、车祸、骨折、皮肉伤等紧急状况，主人第一时间该怎么处理呢？在不同状况下，医院方面可能做出哪些处置呢？立刻补充知识，为爱犬打造专用急救箱吧！

1. 皮肉外伤、骨折

如果狗狗是皮肉外伤，首先要尽量保持伤口干净。骨折也一样，尽量保持伤口干净，赶快到动物医院就诊。在你抱狗狗来的过程中，因为它很疼痛，所以可能会咬你。这时候你可以帮它戴个头套，或者请人把它的头部遮住，让它看不见你要碰触它的伤口，避免出现攻击人的情况，然后尽快把狗狗带到动物医院。

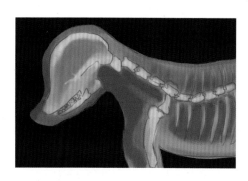

来到动物医院后，我们首先帮狗狗清理伤口和止痛，接着再使用急救药物。

2. 误吞异物

不管狗狗误吞什么异物，带到医院就诊时，首先我们会第一时间通过内镜把体内的异物夹出，如果有尖锐物，要在体内直接剪断。

我们医院有个病例是狗狗误吞了洁牙骨，洁牙骨卡在狗狗身体里一个礼拜，造成食管破裂。我们还遇过狗狗吞鱼钩的病例，不过通常吞骨头会比较多。

如果异物一直留在体内，例如留在肠道，可能会造成肠道坏死，需要动手术把肠道整个拿出来，移除异物。如果停在食管，时间一长就会造成压迫，使食管破裂，如果再拖延下去，还会造成胸腔感染，此时就要动手术搭接胃管，狗狗会很痛苦。

如果异物的位置在胃部，我们会用内镜检查。不过有些异物太重，没办法直接用内镜取出来，例如钥匙头等金属，这时就只能帮它做"开胃手术"，取出异物。只要动手术，一定都会先麻醉，再做后续处理。

3. 中暑

狗狗的正常体温约38℃，比人体约高1℃。如果狗狗中暑了，体温会升高到将近40℃。尤其长时间在太阳下散步、运动，因为狗狗排汗功能很差，散热都是靠嘴巴。当发现它食欲下降、不停喘气，甚至有呕吐或腹泻的情况时，很可能是中暑了。

发现狗狗中暑，随时要注意体温，因

为如果体温持续上升，会进一步造成它的肾脏损伤，其他器官也会跟着受损。温度过高时，狗狗体内代谢需要的酵素都会无法正常工作。

狗狗中暑时，要赶快用冷水帮它擦拭皮肤，但是不能用冲洗的方式。如果温度下降太多，可能会引发其他情况。可以大约5分钟量一次肛温，先让它整个体表温度缓慢降下来，降到39℃时就可以停止降温的动作。如果情况没有改善，就要尽快带到动物医院就诊。

最常发生中暑情况的就是寒带犬，或者进口犬。比如原本是在英国生长的狗狗，运输过程中环境不通风，容易出现中暑的问题。或者肥胖的狗狗，当你看到它已经热到喘不过气来时，说明它已经中暑了。

4. 车祸

狗狗发生车祸，只能赶快带它到动物医院来，我们会以ABC急救法则（Airway, Breathing, Circulation）处理。第一个A，就是让它的呼吸道保持通畅，第二个B，就是吹气帮助它呼吸，第三个C，就是维持它的呼吸循环。如果发现没有办法循环，就要赶快进行心脏复苏，有时候还有D（Drug），就是给予急救药物。在急救的过程中，点滴优先。如果急救时发现狗狗需要做插管，插管后，观察从管子流出来

的是水还是血，尤其是车祸中撞击到胸腔的狗狗，插管时很可能会流血。这种情况表示肺或肝脏正在出血，此时基本就没救了。因为我们没有办法将氧气打到肺或肝脏里。

车祸撞击要看它被撞击到哪个部位。一般来讲，狗狗受到撞击会感到疼痛，当它感到疼痛时，血管一定会收缩。当血管收缩的时候，血液循环就会减少。如果狗狗受到的撞击很剧烈，就容易形成血栓。此外，还要观察它肌肉受损的程度，因为肌肉受损会影响到肾脏功能。

如果撞击到心脏，到医院后，就要检查心肌有没有受损，有没有气胸、血胸，如果狗狗一直喘不上来气儿，治疗后的效果也不会理想，也很可能不理想。

如果撞击到腹部，会先做超声检查，看看肝脏、脾脏、膀胱、胆囊是否破裂。如果脾脏破裂，就要动手术将脾脏整个摘掉。比较常见的案例是狗狗很快乐地出去尿尿，尿还没撒完就被车撞了，膀胱破掉，这时通常还会伴随骨盆破裂的情况。膀胱破裂会造成尿灼性腹膜炎，胆囊破裂虽然不会造成狗狗死亡，但会导致狗狗一直受发炎困扰。

如果失血过多，还需要输血。因为目前并没有狗狗专用的血库，所以都是等到有需要的时候，我们才去检查它的血液相容性，因为狗狗也有血型的分别。另外，如果狗狗是第一次接受输血，我建议先送

到提供 24 小时照顾服务的动物医院，因为一整天都有人看护，等它生命体征稳定下来后，再转到比较信任的动物医院，虽然费用会高一点，但是对狗狗而言是比较安全的。

另外，我们不太建议狗狗在紧急状态下做检验，因为很可能出现检验数据看起来都正常，但是过两天后数据就不一样了。我们会先让它休息，之后再进行检验。

因车祸所导致的肝脏或胆囊破裂，会先做超声检查，了解破裂范围与出血情况，尽早手术以止血。一般来说，狗狗手术所需要的血，通常会对院内所饲养的狗狗进行血型配对后再提供。

5. 被其他狗狗咬伤

如果被其他狗狗咬伤，处置方法也是一样的，都要先以 ABC 急救法则处理。如果血管破裂，需要主人先帮它止血。

一般来讲，狗狗的习性是咬住以后来回甩头，对方的皮会被掀，造成对方的肌肉撕裂，有时候甚至会看到肚子、胸腔内部和肠子。不过一般狗狗都是咬脖子，但这样容易造成气胸、皮下气床，如果甩出去撞到胸腔，还可能造成肋骨断裂，形成气胸，以上提到的是比较紧急的情况。

6. 胃扭转

胃扭转是特别容易发生在中、大型犬身上的紧急情况。一般是因为狗狗吃完饭后蹦跳，大量运动造成胃整个翻转，也就是胃扭转。在 X 线下可以看到一个倒 C 的形状。胃连接其他器官的韧带松了，就会造成胀气。如果胀气的时间久了，就会造成胃壁坏死，狗狗就需要做胃壁切除手术。另外，因为胃旁边就是脾脏，所以也可能连带造成脾脏扭转，甚至连脾脏也要摘除，这属于很危险的情况。

胃扭转的急救手术，就是把里面的气体排出，让胃的位置恢复正常，但这个手术要做胃固定。胃固定属于一个急诊手术，死亡率相当高，手术后要让胃部修复，至少要禁食一天，再慢慢给狗狗液体食物，以能快速通过胃的食物为主，再慢慢恢复到正常饮食。血糖数值低于 60mg/dL（3.33mmol/L）就是低血糖，这时要快速给予狗狗糖分。糖尿病恶化就会出现酮酸症。

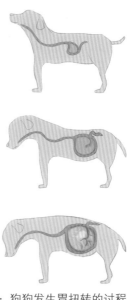

· 狗狗发生胃扭转的过程

微创手术

一般人会认识微创手术，是从帮母狗做绝育（结扎）手术开始的。因为绝育手术可以降低狗狗患子宫癌、卵巢癌和乳腺癌的概率。微创手术应用的范围还有很多，以腹腔为例，公狗的隐睾症、胆囊的摘除、肿瘤的采样和切除，以及从肠道取出异物，排出膀胱结石、肾脏结石等，都可以使用微创手术。肠吻合术（一般用于有肠道坏死的情况）这种需要比较高端的技术，也可以使用微创手术。

除了腹腔手术以外，胸腔手术如胸管结扎，或肿瘤的检测，也可以用微创的10倍镜去看。它可以清楚看到肺叶的状态，可以录像，避免开刀，也可以让主人更了解狗狗身体状况。

比起传统手术，微创手术有优点。第一是伤口小，术后狗狗不容易去舔伤口，避免造成细菌感染。第二是术后止痛药的剂量也会减少。第三是对主人而言比较好照顾狗狗。就像人开完刀的当天就可以下床走路一样，尤其主人是上班族，多希望今天早上做完手术，下午就可以带狗狗回家，回家以后也不用特别费力照顾。

很多人关心手术价格的问题，以传统和微创绝育手术来说，会按照狗狗的体重做区分，体形大、体重重的狗狗动微创手术的价格会高一点。

现在随着技术发展，微创手术的适用范围也越来越大。像我们现在做的流浪狗的绝育，就是微创绝育。在此，我很希望多一些兽医能够学习微创手术的技术并大力推行。

· 微创手术的优点是伤口小，术后恢复快

原书名：狗狗身体求救讯号全图解

作者：李卫民、魏资文、传骐动物医院

ISBN：9786269642717

图书在版编目（CIP）数据

狗狗身体求救信号 / 李卫民，魏资文著 . —沈阳：辽宁
科学技术出版社，2024.3

ISBN 978-7-5591-3357-1

Ⅰ.①狗…　Ⅱ.①李…　②魏…　Ⅲ.①犬病—防治
Ⅳ.①S858.292

中国国家版本馆 CIP 数据核（2023）第 249546 号

出版发行：辽宁科学技术出版社
　　　　　（地址：沈阳市和平区十一纬路25号　邮编：110003）
印 刷 者：辽宁新华印务有限公司
经 销 者：各地新华书店
幅面尺寸：170mm×240mm
印　　张：9
字　　数：200千字
出版时间：2024年3月第1版
印刷时间：2024年3月第1次印刷
责任编辑：康　倩
版式设计：袁　舒
封面设计：朱晓峰
责任校对：韩欣桐

书　　号：ISBN 978-7-5591-3357-1
定　　价：68.00元

联系电话：024-23284367
邮购热线：024-23284502
邮　　箱：987642119@qq.com

狗狗问题速查手册

辽宁科学技术出版社

狗狗基本信息

狗狗姓名：

生日：   品种：

性别：   毛色：

特征：

主人：   电话：

地址：

狗狗的生理状况

	幼犬	成犬
肛温	38.5 ~ 39.3℃	37.5 ~ 39.0℃
心率	每分钟 110 ~ 120 次	每分钟 70 ~ 120 次
呼吸次数	每分钟 20 ~ 22 次	每分钟 14 ~ 16 次
	每吸气一次算呼吸一次， 正常情况每分钟呼吸次数应少于 30 次	
生殖资料	第一次发情年龄	公犬：5 ~ 7 个月大 母犬：7 ~ 9 个月大
	发情期	7 ~ 42 天
	发情周期	每次发情间隔 5 ~ 8 个月，平均间隔 7 个月， 怀孕不影响发情周期
	孕期	58 ~ 71 天，平均 63 天
	胎数	大型犬：每胎 8 ~ 12 只 中型犬：每胎 6 ~ 10 只 小型犬：每胎 2 ~ 4 只
	哺乳期	3 ~ 6 周

狗狗的身体状态指数
（BCS，Body Condition Score）

狗狗的身体状态指数	**1** **过瘦** 理想体重的 85%以下		从外观就能看到狗狗肋骨、腰椎的形状，从上方看，腰部和腹部明显内缩，身上几乎没有脂肪
	2 **体重不足** 理想体重的 86%～94%		可以轻易摸到狗狗的肋骨，从上方看，腰部和腹部明显内缩，外观看起来只有少量脂肪包覆着
	3 **理想体重** 理想体重的 95%～106%		能摸得到肋骨，但外观看不见肋骨形状，外观看起来被一点脂肪覆盖。从上方可以轻易看出腰部的位置，侧面看则会发现腹部到尾巴的线条明显往上提
	4 **体重过重** 理想体重的 107%～122%		几乎摸不到肋骨，其他部位的骨骼构造也是勉强才摸得出来，外观看起来被更多脂肪覆盖，侧面看腹部到尾巴的线条只有微微往上
	5 **肥胖** 理想体重的 123%～146%		外观被厚厚的脂肪覆盖，完全摸不到骨头

不只是吃得太多可能会造成肥胖，狗狗在糖尿病初期，或有甲状腺功能低下的问题，也会影响代谢，变得越来越胖。请主人多留意狗狗的体重变化，这也是兽医问诊时需要主人提供的重要信息。

• 定期帮狗狗拍照，有助于观察它的体形变化

认识狗狗的牙齿

牙齿数量	乳齿 28 颗，恒齿 42 颗 ◎ 狗狗一生有两副牙齿，第一副是乳齿，2.5 ~ 3 个月时长齐，第二副是恒齿。狗狗的乳齿在 5 ~ 8 个月时会全部换掉，并长出新的永久齿（恒齿）。帮狗狗刷牙时可以注意一下，乳齿如果没有掉落，恒齿也在同一个位置长出来的话，就要咨询兽医做拔牙手术，否则容易引发牙周病和咀嚼上的问题。
长出乳齿的 时间点	门齿：3 ~ 5 周时 犬齿：3 ~ 6 周时 前臼齿：4 ~ 10 周时 ◎ 其余的臼齿在恒齿时期（狗狗 5 ~ 8 个月时）才会长出来。

狗狗疫苗懒人包

狗狗什么时候要打疫苗呢

　　狗狗刚出生时，还留有母体提供的抗体，不过保护力在 8 ~ 12 周后渐渐衰退，此时需要接种疫苗，以提升幼犬本身的抗病力。此外，比起治病花费巨额的医疗费用，及时打疫苗对狗狗的健康、主人的花费而言，是较为省钱省力、有效且安全的做法。

　　狗狗打疫苗的时间分为两阶段，包含第一次打疫苗的"基础疫苗阶段"，以及后续每年的"后续补强疫苗阶段"。

疫苗阶段	基础疫苗阶段第 1 针	基础疫苗阶段第 2 针	基础疫苗阶段第 3 针	后续补强疫苗阶段
时间	6 ~ 8 周时	与第 1 针间隔 3 ~ 4 周	14 ~ 16 周时	每年打一次

狗狗疫苗种类与费用

　　世界小动物兽医协会（WSAVA）颁布了一套适合全世界犬猫的《犬猫疫苗注射指南》，其中介绍了狗狗的**"核心疫苗"**，也就是"无论在什么地区、什么情况下，狗狗都要接受注射的疫苗"，可以保护狗狗免于高危险、高致死率的疾病，其中包含 3 种疫苗：**犬瘟热（犬瘟热疫苗）、犬出血性肠炎（犬小病毒疫苗）、犬传染性支气管炎（犬腺状病毒疫苗）**。此外，由于中国台湾仍然属于狂犬病区，因此还需要打**"狂犬病疫苗"**，在中国台湾，每只狗狗都应该定期打以上 4 种疫苗，也就是"强制性疫苗"，近年仍有主人因未帮爱犬打狂犬病疫苗而被开罚单。

　　其他常见的犬类传染病，例如**犬传染性肝炎、犬副流行性感冒、犬冠状病毒肠炎、钩端螺旋体病、莱姆病**等，主人可以依照地区性的流行情况做选择，属于"非核心疫苗"。

狗狗主人目前大多选择打多价疫苗，也就是常听到的"五合一""七合一""八合一"疫苗（打一针就能预防N种传染病），另外也有单价疫苗，也就是一针只能预防一种传染病的疫苗，例如狂犬病疫苗。

一张图搞懂狗狗疫苗种类				
十合一	八合一	七合一	五合一	
				犬瘟热（核心疫苗）
				犬出血性肠炎（核心疫苗）
				犬传染性支气管炎（核心疫苗）
				犬传染性肝炎
				犬副流行性感冒
				犬出血型钩端螺旋体病
				犬黄疸型钩端螺旋体病
				犬冠状病毒肠炎
				感冒伤寒型钩端螺旋体病
其他疫苗				狂犬病（非核心疫苗）
				莱姆病

◎ 除狂犬病外，幼犬第一年需接种3针以完成"基础免疫"，满一岁后每年皆需接种1针，以维持其免疫力。

虽然疫苗有很多种，但主人一定要给爱犬打"核心疫苗"，也就是至少打"五合一"和"狂犬病疫苗"，再根据自家生活环境和狗狗习性决定是否要增加疫苗种类。

狗狗打疫苗前要注意的事

- 狗狗是否不舒服：打疫苗前，如果狗狗有感冒征兆，或者任何不适的情形，必须先让兽医诊断，等身体康复后再安排打疫苗。
- 注射前征询兽医：即使看起来身体健康的狗狗，也建议主人向兽医咨询，协助评估生活环境、习性以及狗狗的实际健康状况后，再打疫苗。
- 给刚带回家的狗狗一段适应期：如果是刚刚带回家饲养的狗狗，建议给它一到两周的环境适应期，确认狗狗身上没有潜伏的疾病后，再接受疫苗注射。
- 选择可靠的产品：留意疫苗品牌与有效期。

狗狗打疫苗后要注意的事

- 可能出现不良反应：

注射后半小时到一小时内	注射后 3 天内
和狗狗待在医生可监控的范围内，确认狗狗没有口、鼻、脸部红肿，或发烧、呕吐、呼吸困难等过敏性休克症状。	可能出现注射部位红肿、酸痛、活动力和食欲降低，一般在 3 天后就会恢复。如果狗狗持续不适超过 1 周，或者有脸部肿起的情况，就要尽快就医。

- 幼犬接种 3 针疫苗前避免外出：幼犬打第 1 针疫苗后，尽量在间隔 4 周内打第 2 针，第三针也以此类推。由于幼犬在接受 3 针疫苗后才会产生较完整的抗体，因此这段时间尽可能避免外出，以免被感染。
- 一周后洗澡，两周后再外出：成犬注射完疫苗两周后才会产生完整的抗体，此时要避免做刺激狗狗的事情，例如更换狗粮或居住环境，接触其他狗狗。另外也要注意保暖，并且两周后再外出。

狗狗常见传染病

死亡率接近 100% 的"狂犬病"

它属于一种急性病毒性脑炎，死亡率接近 100%。

感染对象	所有哺乳类动物，包含人类、狗、猫等，以及部分野生动物，如蝙蝠。
传播方式	主要经由唾液传染。被染病的动物咬伤后，病毒经由伤口周围的神经向上入侵中枢神经并导致发病。
症状表现	初期瞳孔会放大且畏光，食欲下降，不安；中期会出现恐水，有攻击性，变得爱撕咬且狂暴焦虑，接着咽喉部位慢慢麻痹，导致吠叫声改变，无法吞咽，不断流口水及下巴下垂；末期狗狗会无法控制自己的行动，意识模糊，最后全身瘫痪，抽筋而死。
预防方式	狗狗满 3 个月就要注射第 1 针狂犬病疫苗，之后则需每年打 1 针。
治疗方式	若狗狗遭疑似狂犬病动物（目前中国台湾主要为鼬獾、果子狸）抓伤或咬伤，主人尽量记住该动物的特征以利兽医诊断，并用肥皂水、大量清水冲洗伤口，再用碘伏消毒伤口，尽快就医。

• 狂犬病的传播方式

容易被误以为感冒的"犬瘟热"

它属于一种急性病毒性传染病。死亡率达 80%，尤其对幼犬而言死亡率更高。

感染对象	此病俗称狗瘟、麻疹，感染对象为任何年龄的犬科动物。
传播方式	主要由狗狗的分泌物、排泄物通过空气四处扩散传染，病毒从口、鼻进入下一个宿主体内，会侵害狗狗的呼吸道、消化道、皮肤，最后侵入狗狗的神经系统。
症状表现	由于此病有潜伏期，病情和一般感冒症状接近，要特别注意，常见症状为发烧，眼鼻出现水样分泌物，咳嗽，拉肚子，呕吐等，接着才有转为黄色黏稠状的分泌物，出现食欲下降、精神不振、血便等情况，到了末期因为病毒侵入神经系统，狗狗并发脑炎、脊髓炎，会出现走路不稳、四肢麻痹、抽搐等症状，最后死亡。
预防方式	强化狗狗的免疫系统，务必定期打预防疫苗，让狗狗体内有足够的抗体对抗此病毒。
治疗方式	目前没有针对此疾病的特效药。此病病程长，主人要有耐心陪伴狗狗对抗疾病。

• 犬瘟热初期症状和一般感冒接近，常见发烧症状

引起上吐下泻的"犬出血性肠炎"

　　它属于一种病毒性传染病，感染的狗狗会排出血便，具有非常强的传染性。

感染对象	任何年龄的犬科动物。
传播方式	犬小病毒经由狗狗粪便排出，再借由其他狗狗舔食粪便而感染，该病毒多入侵肠胃，导致宿主体内酸碱不平衡而休克，甚至死亡。
症状表现	初期常见症状为发烧、食欲与精神不振、嗜睡，中期会持续拉肚子和呕吐，导致体重下降，且因病毒入侵肠道，使肠道受损，进而排出具腥臭的血便。需尽快就医，否则狗狗将会因急性脱水、休克而死。
预防方式	目前没有特效药，主要靠打疫苗提高狗狗的免疫力。幼犬建议在打完3针疫苗的两周后，即让狗狗产生足够的抗体后，再带它外出，成犬则每年打一次即可。
治疗方式	感染的狗狗要尽快就医，医生会给狗狗打点滴补充水分及电解质，并提供止吐和止泻剂等，整个病期需5~7天的治疗，待狗狗度过危险期，还需要2~4周的疗养才能复原。当狗狗停止上吐下泻后，可以少量多餐地喂好消化的食物（或处方狗粮）。

• 犬小病毒入侵肠道，狗狗很可能排出血便

造成狗狗蓝眼睛的"犬传染性肝炎"

这简称"犬肝炎",属于一种败血性病毒性传染病,急症可能在 12 ~ 24 小时内死亡,死亡率为 10% ~ 30%。

感染对象	任何年龄的犬科动物,但多发生于 1 岁以内的幼犬。
传播方式	由犬腺病毒第一型引起,传染媒介包含血液、唾液、鼻涕、尿液、粪便等,或通过被媒介污染的器皿、衣物传染,主要侵入狗狗的肝细胞及内皮细胞。
症状表现	轻症的狗狗会出现厌食,因口渴而不断喝水,精神不振,黄疸,贫血,体温升高,发病持续 7 ~ 10 天,且会因角膜水肿造成蓝眼症,重症的狗狗扁桃体会明显肿大,因肝脏肿大而腹痛,甚至吐出带血的胃液或拉血便。即使是痊愈的狗狗,也可能罹患肝肾慢性病和蓝眼症。
预防方式	目前仍以腺病毒第二型疫苗来预防此疾病,因其与犬传染性肝炎活疫苗相比,不易对狗狗肾脏和眼睛造成伤害,预防效果佳且能同时预防犬舍咳。幼犬在 7 ~ 9 周时即可注射第 1 针。
治疗方式	发病初期会以血清治疗,但若转为重症则不一定会有效果。

• 犬传染性肝炎可能造成永久性的角膜水肿,即蓝眼症

可能造成严重并发症的"犬冠状病毒肠炎"

这属于一种出血性病毒传染病，主要症状是突然上吐下泻，因可能有严重并发症，此疾病死亡率接近90%。

感染对象	任何年龄的犬科动物，此种冠状病毒对人类无传播性。
传播方式	犬冠状病毒通过粪便、呕吐物，以及被粪便污染的食物或器具传播，因此住在一起的狗狗很容易互相感染。
症状表现	症状和犬小病毒性肠炎接近，特点为呕吐、拉肚子、发烧，且便便的颜色为伴随恶臭的淡橘色，软便、半固体状伴随泡沫、水样喷射状都有可能。
预防方式	幼犬满6周就可以打第1针犬冠状病毒肠炎疫苗，没有机会吸食母乳的狗狗，因为本身免疫力较低，可以提早打，建议同时打犬小病毒疫苗，降低引起严重并发症的风险。
治疗方式	让狗狗禁食，通过打点滴的方式补充营养，并提供药剂缓解上吐下泻的状况。建议主人以稀释漂白水对家中进行彻底消毒，以免后续再次感染。

• 犬冠状病毒肠炎会导致急性上吐下泻

13

100% 传染的"犬舍咳"

它又称为"犬传染性呼吸道疾病"。虽然是高致病率、低致死率的疾病，但如果发生在未打疫苗的幼犬身上，致死率极高，成犬则可能发展成慢性支气管炎。

感染对象	任何年龄的犬科动物，尤其是幼犬。
传播方式	病原主要为支气管败血鲍特菌（Bordetella bronchiseptica），靠飞沫和空气传播，是犬舍中最主要的呼吸道传染病，即使狗狗没有跟其他狗直接接触，也可能因宠物美容或寄宿而感染。
症状表现	感染潜伏期约为一周，症状则可持续数天至数周，主要症状为突发性干咳，狗狗会发出粗粗的叫声和异常呼吸声，主人可能会以为是狗狗误吞了异物。另外还可能伴随干呕、呕吐，甚至引起突发性肺炎或全身性的症状。
预防方式	目前打疫苗是最佳的预防方式，虽然犬舍咳疫苗属于"非核心疫苗"，但因为此疾病传染率极高，如果是定期进行宠物美容或可能入住动物旅馆的狗狗，都建议打。
治疗方式	目前没有公认的特效药，兽医会针对症状给狗狗开止咳药和抗生素，也建议主人以稀释漂白水对家中进行彻底消毒。若家中还有其他狗狗，就必须和病犬隔离。此外，建议不要使用项圈，以免压迫狗狗的颈部，导致呼吸困难，可改用胸背带。主人在给狗狗洗澡后，可以让狗狗呼吸浴室的潮湿空气，使狗狗的呼吸道湿润，有助于降低咳嗽的频率。

"犬传染性支气管炎"

它又称为"哮喘病"，为犬呼吸道疾病的统称，属于在短时间可造成狗狗死亡的疾病。

感染对象	任何年龄的犬科动物，尤其是幼犬。
传播方式	由犬腺状病毒第二型引起，狗狗常会与犬副流行性感冒病毒一同感染，主要借由空气传播。
症状表现	此病潜伏期为5~10天，特征是狗狗常常忽然一阵严重干咳，不过体温大多正常，可能伴随昏睡、发烧、食欲下降等症状，症状持续10~20天。
预防方式	致病原可能为细菌或病毒，预防并非针对单一病原，所以目前打疫苗是最佳的预防方式。
治疗方式	医生根据实际情况用药即可。

"犬副流行性感冒"

它属于高致病率、低致死率的疾病，也是引起犬舍咳的主要元凶之一。

感染对象	可感染猫、牛、猪、猴与人的细胞，但以犬为主要感染对象。
传播方式	犬副流行性感冒病毒，主要以飞沫及其他口鼻分泌物传播，会破坏呼吸道上皮细胞与黏膜的防御机制，因此容易引发与呼吸道相关的其他病毒感染。
症状表现	症状主要为流水样鼻涕、咳嗽以及轻微发烧、扁桃体发炎，可持续数天至数周之久。

预防方式	目前打疫苗是最佳的预防方式。
治疗方式	由于很容易引发其他呼吸道疾病，因此每只狗狗的症状不大相同，兽医主要以采集鼻分泌物来检查与确诊，并针对症状提供药剂进行治疗。

带狗狗到户外要提防"钩端螺旋体病"

它属于细菌性传染病，此菌外观似螺旋状，因而得此名。狗狗被感染的发病率约70%，致死率约20%。

感染对象	人和温血动物，如狗、老鼠等，且人、狗之间可能互相传染，不过人类的感染率较低。
传播方式	通过被感染个体的尿液排出，污染环境、水、食物，狗狗可能因为饮水、游泳、涉水而感染。由于这类细菌可在静止的水洼、湿润的泥土中存活数月，很容易传染给其他动物个体。
症状表现	"钩端螺旋体"是一类细菌的统称，其包含的菌种很多，每一种病原攻击的器官和引发的并发症各不同，因此表现症状也不相同，初期（感染两周内）较常出现发烧、呕吐、食欲不振、拉肚子等类似感冒或肠胃疾病的症状，因此容易被主人忽视。 感染中期，细菌大量散布在血液中，攻击全身器官，以肝、肾最为常见，严重者可能引发急性肾衰竭、胰脏炎、肝炎、肺炎、眼睛葡萄膜炎，出现结膜出血、黄疸、呼吸困难等症状。

预防方式	因为此类细菌多生存在静止的水源中，所以请避免在大雨、台风过境后带狗狗外出，并保持家中环境清洁。预防方式以定期打疫苗为主。
治疗方式	带狗狗到野外玩耍后，如果发现它有类似感冒或肠胃炎的情况，就要带狗狗就诊，进行血常规快筛等检查，治疗则视被入侵的器官与受损程度而定。 如果主人接触染病的狗狗，也可能出现与感冒、肠胃炎相似的症状，严重时可能发展成脑膜炎。因此在照顾狗狗时，建议穿戴防护衣物，避免直接接触狗狗的尿液、唾液，认真洗手消毒，尤其此病菌在狗狗康复后仍可能从其尿液排出，因此必须长期维持家中清洁。

• 建议雨天尽量不带狗狗出门，以免因为饮水感染钩端螺旋体病

狗狗常见体内寄生虫

心丝虫

• 不会传染给人类

感染来源	蚊子叮咬感染心丝虫的狗狗后，心丝虫幼虫会在蚊子体内成长，再次经由蚊子叮咬传染给健康的狗狗。心丝虫成虫会寄生在狗狗的右心室及肺动脉，再产下幼虫，经由血液扩散到全身。
症状表现	心丝虫幼虫在狗狗体内 4～6 个月才会发育为成虫，在这之前较不会有明显症状，当成虫寄生到心脏及肺动脉时，狗狗会渐渐出现精神不振、食欲减退、咳嗽、呼吸困难，甚至咳血的情况，若未治疗，则会因心肺功能衰竭而死。
治疗方式	目前治疗成功率可达 95%，以口服药物为主，但视病情也可能需要服用抗生素，甚至进行手术。此外，避免增加心肺负担。感染心丝虫的狗狗必须避免剧烈运动。

蛔虫

• 人畜共患疾病

感染来源	狗狗可能因为不小心吃到虫卵而感染，此外，蛔虫也会经由怀孕母犬的胎盘或子宫移动至狗宝宝体内，主要寄生在狗狗的肠道中，可以从排出的便便或呕吐物中看见虫体。
症状表现	虽然蛔虫不会直接危及狗狗的生命，但会因为大量繁殖而阻塞狗狗的肠道，使肠道无法正常消化食物，造成狗狗营养不良，出现呕吐、胀气、拉肚子等症状。
治疗方式	一般以口服驱虫药为主，若狗狗的肠胃系统已无法自然进食，就要考虑动手术或以装鼻胃管的方式补充营养。

钩虫

• 人畜共患疾病

感染来源	经由皮肤接触、母犬的胎盘或狗狗误食受污染的食物而感染，会吸附在狗狗的小肠或十二指肠的微血管上，吸取其血液。
症状表现	因食欲减退而出现消瘦、贫血、呕吐、拉肚子等状况，粪便可能带有黏液，甚至出现血丝，毛发也可能变得粗硬无光泽，甚至脱落，若未及时治疗，会造成狗狗严重贫血。
治疗方式	以药物为主，多数对心丝虫有效的药物，也可以消灭蛔虫和钩虫。

绦虫

• 人畜共患疾病

感染来源	经由跳蚤传染，狗狗被跳蚤咬后皮肤会发痒，狗狗舔患处时就会将含有绦虫幼虫的跳蚤吃进体内，绦虫幼虫会吸附在宿主的肠壁，吸收肠道内的营养。
症状表现	食欲减退，变得消瘦，呕吐，拉肚子，狗狗也可能因为肛门口发痒而一直磨蹭屁股。
治疗方式	以药物为主。

• 感染绦虫的狗狗会因肛门口发痒而一直磨蹭屁股

球虫

- 人畜共患疾病

感染来源	卫生不佳的环境或笼舍，较容易成为感染球虫的媒介，狗狗因摄入带有球虫卵囊的食物或水而感染。
症状表现	3个月以下的幼犬是高危险犬群，如感染，可能因出血性肠炎而死亡。成犬则多数无症状，可以靠自身免疫力克服，不过少数仍可能出现食欲减退、体重减轻、拉肚子等状况。
治疗方式	以口服药物治疗为主。此外，建议使用稀释过的宠物专用消毒液来清洁居家环境，其驱虫效果比漂白水更好。

焦虫

- 可感染人，但人可不治疗，自行痊愈

感染来源	主要通过体外寄生虫壁虱传染到狗狗身上，焦虫存在于壁虱的唾液中，当壁虱叮咬狗狗时，焦虫就会转移寄生在狗狗体内的红细胞上。
症状表现	焦虫会破坏红细胞，导致狗狗贫血，倦怠，食欲下降，发烧，尿液呈现褐色，肝脾肿大，甚至出现共济失调（平衡失调）、瘫软无力等症状。
治疗方式	以驱虫药为主，或搭配抗生素一同治疗，但很难完全驱除狗狗体内的焦虫，当狗狗免疫力下降时就可能再复发，最重要的是避免狗狗再次被壁虱叮咬。

狗狗常见体外寄生虫

疥癣虫

• 人畜共患

感染来源	疥癣虫属于尘螨类的寄生虫，肉眼无法看见，经由狗狗直接接触到虫体而传染，疥癣虫会直接钻入狗狗皮肤深达真皮层，因真皮层有许多神经而引起严重发痒。
症状表现	初期会在脸部、耳朵外缘、肘部、后踝关节等部位，后来慢慢扩及全身，渐渐出现脱毛、结痂的情况。由于狗狗不断搔痒，容易转变成皮肤炎，或者造成伤口细菌感染而化脓，甚至出现恶臭。
治疗方式	需长期治疗，先以消炎、止痒药物来抑制搔痒情况，并搭配驱虫药，居家环境也必须消毒，并避免狗狗接触其他动物。

毛囊虫

• 一般不会传染给人类

感染来源	人类和狗狗的健康皮肤本身就有少量毛囊虫存在，其寄生在皮肤毛囊、皮脂腺当中，但是当狗狗免疫力较差时，毛囊虫会大量繁殖侵占毛囊，造成毛囊发炎。不过毛囊虫只会通过母犬怀孕传染给狗狗，与其他狗狗接触并不会互相传染，也不会传染给人类。
症状表现	初期狗狗的口、鼻、眼附近会出现脱毛、红肿、疹子，重症则会扩及全身出现大量脱屑，狗狗可能因为患处发痒、不停啃咬而引发脂溢性皮肤炎。
治疗方式	注射型及口服型药物皆有，因为毛囊炎引发的皮肤炎症状则需要另行治疗。

耳疥虫

- 不会传染给人类

感染来源	感染来源为狗狗接触已感染的狗狗或其他动物，耳疥虫为主要寄生在耳道内的尘螨类寄生虫，以耳道内的组织碎屑作为营养来源。
症状表现	虽然不会直接对狗狗造成伤害，但耳疥虫在耳道移动时，会使皮肤剧烈发痒，狗狗就会开始不停搔抓耳朵周围，摇头甩耳，使耳朵附近脱毛，出现伤口、结痂，甚至出现耳血肿的情况。
治疗方式	以口服药或耳朵滴剂治疗，疗程约一个月。

跳蚤

- 人畜共患

感染来源	跳蚤可能吸附在人类的衣物、鞋子上，被无意间带回家。由于狗的体温比人高，跳蚤会优先选择体温高的动物来寄生，所以即使狗狗没出门，也可能受到跳蚤侵袭。除此之外，跳蚤也是绦虫的传染媒介。
症状表现	由于跳蚤唾液中的蛋白会引发狗狗身体免疫反应（即过敏反应），因此被跳蚤叮咬的狗狗会皮肤发痒，开始不断抓挠皮肤，导致抓挠处出现伤口，或者一直咬自己的毛发导致脱毛。
治疗方式	很难徒手拔除所有狗狗身上的跳蚤，且成蚤不吃不喝也能存活一年，加上其繁殖力强且繁殖快速，因此并不容易完全消除。治疗与预防跳蚤的方式，目前仍以口服药或滴剂驱虫为主，在狗狗出门前则可先喷上防虫喷剂防护。

壁虱

• 不会传染给人类

感染来源	壁虱主要生活在草丛中，当狗狗到野外玩耍时，壁虱感受到狗狗的体温就会跳到其身上。壁虱可以刺穿宿主的皮肤吸血，靠着血液存活，其本身也是许多血液寄生虫的传染媒介，例如焦虫就存活在壁虱的唾液中，因此狗狗也可能因壁虱寄生而感染焦虫病。
症状表现	壁虱在穿透狗狗皮肤的同时会分泌一种物质，导致狗狗皮肤过敏，狗狗会去抓挠皮肤而造成出现伤口，导致细菌感染，不过更严重的是壁虱带来的体内寄生虫，可能引发焦虫病（厌食、发烧、肝脏及脾脏肿大）、莱姆病（跛脚、发烧、食欲不佳、心脏疾病）、埃里希体病（食欲不振、嗜睡、流鼻血、心脏和肝脏衰竭）。
治疗方式	除了靠驱虫药剂，也建议主人直接让兽医协助移除狗狗身上的壁虱，由于母壁虱身上带有虫卵，若是主人自行移除时不慎捏爆壁虱，可能导致更多虫卵释出。

狗狗哪些状况
需要补充营养素

病　　症 **胃肠道疾病**
对应营养素 **益生菌**

在市面上最常看到的狗狗营养补充品，大概就是益生菌，像人胃肠道益生菌一样，狗狗体内也同样有许多种胃肠益生菌，比如乳酸菌。

一般主人可能会觉得我的狗狗没有异常，不需要吃益生菌。

狗狗肠道里面有好菌和坏菌，免疫力下降，坏菌就会多于好菌，吃益生菌可以帮助它维持好菌的量。现在给狗狗的狗粮来源太单一化，根据不同疾病我们又会换狗粮，这就会造成肠道菌群失衡，造成下痢、便秘、呕吐，搭配益生菌可以帮助它的肠道菌群稳定。

除此之外，益生菌还有助于解除胀气，缓解消化不良、便秘等肠胃问题，甚至对某些疾病也有帮助，比如肠道破裂时，益生菌可以帮助大分子蛋白进入肠道，经由细菌分解产生氨，有助肠道的修复。

另外，也可以从便便的状况，确认狗狗是不是需要补充营养素。例如狗狗吃了不适合它的食物，排出软便的时候，表示它没有办法吸收粪便里面的水分；或者粪便排出来以后，里面还是有一些蛋白质残留，那就表示狗狗体内的消化酵素是不够的，此时可以补充一些益生菌。

最后提醒大家一下，因为每个动物体内益生菌的菌群都不太一样，比如生长在中国的狗狗跟生长在日本、美国的狗狗不一样，为什么不一样？因为它会很自然贴近当地的生活习惯和食性，所以益生菌还是要以符合当地菌群为主来吃，这样会更有效。

病症 **骨关节疾病**
对应营养素 **Ⅱ型胶原蛋白、维生素 D_3、镁**

老年狗狗有很多骨关节疾病，或退行性的关节变化。退行性的关节变化无法治疗，会随时间越来越严重，包含软骨素流失、关节出现增生等。Ⅱ型胶原蛋白对关节有润滑的作用，也有助于受损的半月板及滑膜修复。

除了Ⅱ型胶原蛋白以外，有关节炎的狗狗也需要补钙，而钙质吸收是需要维生素 D_3、镁来辅助的，但是现在的狗狗大多很少运动，很少晒太阳，因而会缺乏维生素 D_3，影响钙质吸收。此时就需要额外补充，让骨细胞可以继续增生。

病症 **视力退化**
对应营养素 **叶黄素、黑醋栗、玉米黄素、山桑子、虾红素、ω-3、ω-6**

狗狗虽然不能吃葡萄类东西，会中毒，但可以吃黑醋栗。主人可以选择叶黄素搭配玉米黄素、黑醋栗、山桑子这类营养成分的产品，帮助狗狗视力保健。虾红素则是对视神经有帮助的。另外，以美国研究报告来说，狗狗白内障没有特效药，但可以吃抗氧化物，如 ω-3、ω-6 这类不饱和脂肪酸来避免病情恶化。

与狗宝贝的生活记录

睡前抽出 10 分钟，帮狗狗记录生活点滴吧！可以参考后面的范例来记录，可以手写或者直接记在手机里。顺便拍张照，一点一点累积与它的美好回忆，未来当狗狗身体有状况时，这份记录对于兽医的诊断、用药等都会有所帮助。

记录项目主要包含日期、天气、狗狗当天的饮食和排泄情况，以及其他特殊情况，除此之外，也可以记录下次驱虫或打预防针的时间。

狗狗的身体状况会受到季节和气温的影响，可能从天气的记录中发现狗狗身体变化的规律，除此之外，要了解狗狗健不健康，就是观察它"吃、喝、玩、乐"的状况，记录吃喝与排泄的情况，就能知道它有没有活力，身体机能是不是正常的。

为它做鲜食餐时，不妨记录下它对不同食材的接受程度，假如有因生病而使用处方狗粮的情况，也可以记录它吃了多少，是否吃饱了；排泄物甚至呕吐物，则可以从颜色、形状、量的多少来描述。生活记录可以是有关狗狗的一切，任何和平常不太一样的、想要特别写下来的都可以。

参考范例：

	6 月 23 日　　　　天气：有雨 ★驱虫记录：全能狗 S　下次驱虫日：7 月 22 日 ★疫苗注射记录：八合一疫苗　下次注射时间：2023 年 6 月
体重：	5.1kg（比上周多 0.5kg）
早餐：	喂饲料 → 吃光
晚餐：	晚上 8 点左右 / 汉堡排上撒一点狗粮 • 牛猪肉馅　• 南瓜　• 胡萝卜丝 → 先吃完汉堡排才把狗粮吃完，好像很喜欢汉堡排
尿尿：	颜色比平常黄一点，最近可能喝水比较少
便便：	（在家里）早上大便有点硬，一颗一颗的 （散步时）一条完整的便便
散步：	20 分钟，遇到附近的吉娃娃，互相吠了一阵子
其他：	不时会抓抓耳朵后面，好像很痒 半夜起来喝水 怎么让它多喝水

___月___日　　天气: ___ ★ ★	
体重:	
早餐:	
晚餐:	
尿尿:	
便便:	
散步:	
其他:	

_____月_____日　　天气:_____

★

★

体重:

早餐:

晚餐:

尿尿:

便便:

散步:

其他:

____月____日　　天气：____

★

★

体重：

早餐：

晚餐：

尿尿：

便便：

散步：

其他：

狗狗年龄对照表

狗狗年龄	中小型犬 相当于人类的年龄	大型犬 相当于人类的年龄	特大型犬 相当于人类的年龄
2 个月	2 岁	2 岁	2 岁
4 个月	6 岁	6 岁	6 岁
6 个月	10 岁	10 岁	10 岁
8 个月	12 岁	12 岁	12 岁
10 个月	14 岁	14 岁	14 岁
1 岁	16 岁	16 岁	16 岁
1 岁半	20 岁	20 岁	20 岁
2 岁	24 岁	24 岁	24 岁
3 岁	29 岁	30 岁	31 岁
4 岁	34 岁	36 岁	38 岁
5 岁	39 岁	42 岁	45 岁
6 岁	44 岁	48 岁	52 岁
7 岁	49 岁	54 岁	59 岁
8 岁	54 岁	60 岁	66 岁
9 岁	59 岁	66 岁	73 岁
10 岁	64 岁	72 岁	80 岁
11 岁	69 岁	78 岁	87 岁
12 岁	74 岁	84 岁	94 岁
13 岁	79 岁	90 岁	101 岁
14 岁	84 岁	96 岁	108 岁

ISBN 978-7-5591-3357-1

定价: 68.00 元